加比·怀尔德医生

NATIONAL GEOGRAPHIC KiDS

野生动物
大拯救

跟随加比·怀尔德医生
救治全世界的动物

美国国家地理合股企业　著

[美] 加比·怀尔德

陈宇飞　译

青岛出版集团｜青岛出版社

目录

加比寄语 ……………………………… 6

兽医的日常 …………………………… 8

中美洲和南美洲 …………… **10**

南美洲的企鹅 ………………………… 12

加拉帕戈斯象龟 ……………………… 14

加拉帕戈斯群岛 ……………………… 16

水豚 …………………………………… 18

貘 ……………………………………… 20

吼猴 …………………………………… 22

两栖动物 ……………………………… 24

捕鸟蛛 ………………………………… 26

美洲豹 ………………………………… 28

最令我惊心动魄的经历 ……………… 30

蜜熊 …………………………………… 32

骆马和原驼 …………………………… 34

源远流长的驼文化 …………………… 36

欧洲 …………………………… **38**

刺猬 …………………………………… 40

救治动物宝宝 ………………………… 42

棕熊 …………………………………… 44

泰加林 ………………………………… 46

羱羊 …………………………………… 48

雕鸮 …………………………………… 50

猛禽 …………………………………… 52

蝙蝠 …………………………………… 54

学鸟说话 ……………………………… 56

卡马尔格马 …………………………… 58

马的历史和马的护理 ………………… 60

非洲 …………………………… **62**

黑犀和白犀 …………………………… 64

非洲草原象和非洲森林象 …………… 66

卢帕尼社区学校 ……………………… 68

鲸头鹳 ………………………………… 70

寿司鞠躬 ……………………………… 72

山地大猩猩 …………………………… 74

卢旺达火山国家公园 ………………… 76

非洲野犬 ……………………………… 78

狮子 …………………………………… 80

野生猫科动物 ………………………… 82

猎豹 …………………………………… 84

蜣螂 …………………………………… 86

黑猩猩 ………………………………… 88

与黑猩猩一起"工作" ………………… 90

穿山甲……………………… 92
狗狗神探…………………… 94

亚洲 …………………… **96**
小熊猫……………………… 98
远东豹……………………… 100
韦卡巴斯国家公园………… 102
苏门答腊犀………………… 104
偷拍野生动物……………… 106
猩猩………………………… 108
灵长目动物………………… 110
亚洲象……………………… 112
小象坤柴…………………… 114
泰国和象…………………… 116
双峰驼……………………… 118
东北虎……………………… 120
大熊猫……………………… 122

大洋洲 …………………… **124**
神奇的有袋类动物………… 126
树袋熊（考拉）…………… 128
袋鼠………………………… 130
"先生，您是说'袋鼠'吗？" … 132
鹦鹉………………………… 134
鸮鹦鹉……………………… 136
最早的新西兰人…………… 138
章鱼………………………… 140
大堡礁……………………… 142
紫晶蟒……………………… 144
有惊无险的遇蛇事件……… 146
鸭嘴兽……………………… 148

北美洲 …………………… **150**
白头海雕…………………… 152
加拿大猞猁………………… 154
超乖的北美大鼩…………… 156
红狼和墨西哥狼…………… 158
特林吉特人的狼文化……… 160
海獭和水獭………………… 162

鲸…………………………… 164
希拉毒蜥…………………… 166
白鼻浣熊…………………… 168
红海龟……………………… 170
海岸地貌…………………… 172

自然资源保护：永不过时的时尚… 174
你想成为兽医吗…………… 176
你想加入我们吗…………… 178
遇到野生动物时，你该怎么做…… 180

加比寄语

　　小时候，**我特别喜欢阅读与野生动物有关的书**，每天都在研究各种飞禽走兽，憧憬着以后能从事跟它们相关的工作。由于我对动物医学也很着迷，所以很快就确立了当兽医的志向。不过，我要当的可不是一般的兽医——**我想给野生动物诊治**。给野生动物诊治不仅激动人心、乐趣多多，而且让我受益匪浅。我每一天都过得不一样，因为我有机会接触不同种类的动物，而每个物种都是那么令人着迷！

　　其实，帮助动物并不是只有兽医才能做的事，每个人都能通过做一些力所能及的小事让地球保持清洁（如垃圾入桶、回收利用废品、减少使用塑料制品等），从而帮助动物。地球是人类和动物共同的家园，**我们必须齐心协力，一起尊重和保护它**。这本书会带你认识一些我的野生动物朋友。读完之后，我希望你也能大受鼓舞，从而致力于保护它们和它们的家园。**将来的某一天，说不定你也会成为一名优秀的兽医。**

阅读指南：

　　阅读这本书就像在进行一次环球旅行。我们会探访地球各大洲（除南极洲），了解当地的几种野生动物。其实对动物来说，它们的家园没有划分国家、城市。它们在自己的生态系统里生存，对人为划分的界限一无所知。

在每一章里，你都会见到一些我喜欢的动物"病人"。

下面这些符号代表……

♥ 动物的栖息地和它们的家庭构成

🍽 动物的食物

⚡ 动物面临的威胁，包括天敌的追捕，人为原因造成的气候变化、栖息地丧失等

　　一路上，你还可以**了解各大洲的地质、地貌，这些对当地动物十分重要，也是野生动物和人类之间的特殊关系**的见证。在"**全球概览**"中，你能了解许多动物共同面临的"挑战"，以及我们为了应对这些挑战所做的努力。

　　让我们开始冒险吧！

加比·怀尔德医生

兽医的
日常

兽医的日常生活是什么样子的？他们的生活一天一个样！每一只动物，每一次检查，都有可能带来新的问题和新的挑战。

我们都知道，大部分动物不会说话，没办法告诉我们它们生病了，因此优秀的兽医必须具备一点侦探的本领。通过给动物体检，我可以获取一些利于诊断的线索。接下来，我会把这些线索汇总，试着确定问题。一旦弄清了问题，我就能制订出治疗疾病的方案。

无论是在野外、动物园，还是在我的诊所，每次给动物做检查之前，我都会先问几个问题：

1. "'病人'是谁？"这个问题的答案包括物种名称、年龄、性别。

2. "为什么就医？"只是为了例行检查吗？有症状吗？

3. "有什么经历？"我会仔细研究动物的病史。如果是宠物，我还会看一看它的预防针有没有打全。得到的线索越多，我就越有可能"拼出"病情的"全貌"。

我来举两个实际工作中的例子吧：

"病人"是谁？

 一只 5 岁 10 个月大的雌性拉布拉多犬

 一只 3 个月大的雄性雪豹

为什么就医？

 它的左后腿瘸了两天，它一用力就疼得直叫。

 它流鼻涕，每天睡眠时间变长，呼吸好像也不太顺畅。

有什么经历？

 两天前它和主人一起远足，而且曾经因为腿部酸痛来找我看过病。

 它在野外失去双亲，后来获救，还来过我的诊所。

了解了病史后，就该和"病人"见面了。
给动物治病和给人类治病其实有点儿像。我会：

- 测量动物的体重。
- 听一听它的心跳和呼吸声。
- 摸一摸它的肚子和其他部位。

年幼的动物和年老的动物在接受检查时会得到特殊关照。

对于动物宝宝，我会看一看它们发育是否正常；对于年老的动物，我会检查它们的牙齿健不健康。牙齿有问题可能会影响咀嚼，在这种情况下，动物就无法从食物中获取充足的营养。年老的动物比年幼的动物有更多骨骼方面的问题。

为了防止动物患上某些疾病，我们会让它们接种疫苗。下面是几种常见的动物疫苗：

名称	相关介绍
狂犬病疫苗	动物接种狂犬病疫苗，可以降低患狂犬病的风险。狂犬病是由狂犬病毒引起的传染病。病毒的抵抗力并不强——在 56℃、30 分钟或 100℃、2 分钟的条件下即可灭活
瘟病疫苗	瘟病有可能影响动物的消化系统、呼吸系统等。让动物接种这种疫苗可以帮助它们降低患病风险
莱姆病疫苗	莱姆病是一种传染病，主要由蜱传播。患病的动物可能会发热、出皮疹等。接种莱姆病疫苗的动物能降低患莱姆病的风险

无论是在野外、动物园，还是在诊所，你都要注意安全！

在给动物检查身体的时候，我还会时刻留意另一件事情：自己的安全。不管体形多小的动物，如果它们咬你一口或抓你一下，那都不是好玩的事情。

幸好，大多数来诊所看病的宠物会被主人或我的助手抱稳、安抚。

生活在动物园里的动物明显比生活在丛林、草原等环境中的动物更加懂得配合人类。而且，它们还可以接受一定程度的训练，以便在体检时知道如何做。例如，大型猫科动物可以学会把爪子放在兽栏上，以便我可以好好帮它们检查。而我则会给它们一些食物作为奖励。

在动物园近距离检查动物时，我常常会用特殊的气体或针剂对它们实施麻醉，让它们睡上一小会儿。在野生环境中，只要给动物检查身体，我就会对其实施麻醉——这么做对我、我团队的成员，以及动物来说，都是最安全的做法。

中美洲和
南美洲

这里**地域辽阔、地形多样**，同时生活着数量惊人的野生动物。

自从在中美洲与美洲豹接触之后，我便爱上了那里的**野生动物**，如上图中的貘。一有机会，我便会去那里救治受伤的野生动物。我还喜欢照料当地农民的牲畜，特别是羊驼。

天下闻名

世界上现存的
大蛇之一：
绿水蚺

仅在亚马孙雨林里
就有**两百多万种**
昆虫！

世界上最大的啮齿
动物：水豚

南美洲的企鹅

✚ "病人"档案

看到"企鹅"这个词，你可能马上会联想到冰天雪地。然而，并不是所有企鹅都生活在寒冷的南极洲，有些企鹅喜欢稍微暖和一点儿的环境。有几种企鹅选择在南美洲的近海地带安家。

♥ 栖息地和家庭构成

很多南美洲的企鹅喜欢生活在海岸附近。我们把大群企鹅集体筑巢的地方叫"企鹅聚居地"。许多聚居地规模庞大，在繁殖季节包含成千上万只企鹅。一对企鹅夫妇会共同抚养它们的雏鸟。

🍴 食性

企鹅是肉食性动物，捕食鱼类、乌贼、虾等。它们可以一边吞咽猎物，一边喝下海水。企鹅的眼睛上方有特殊的腺体，可以帮助身体去除多余的盐分，避免中毒。

⚡ 威胁

天敌：某些种类的海豹、鲨鱼、鲸等

人为因素：气候变化、过度捕捞、栖息地丧失等

🔍 体检时间

划水的翅膀：企鹅的鳍状肢与鲸的鳍不太一样。企鹅的鳍状肢表面更光滑，能帮助企鹅在水中来去如梭。

较重的骨骼：大多数鸟类拥有部分中空的骨骼。中空的骨骼更加轻便，有利于飞行。然而，企鹅的骨骼相对较重，这有利于企鹅沉到水下。

带"钩"的舌头：像所有成年鸟类一样，企鹅没有牙齿。不过，它们的舌头上有"倒钩"，这可以帮助它们抓住湿滑的鱼儿。

"护目镜"：企鹅有一层特殊的眼睑。这层眼睑相当于护目镜——既能保护企鹅的眼睛，又能让企鹅在水下看得一清二楚，帮它们在水下捕食。

加岛企鹅

麦哲伦企鹅

小知识

马可罗尼企鹅的英文名（Macaroni penguins）源于它们独特的黄色"眉毛"。这倒不是因为这些羽毛看起来像奶酪焗通心粉（macaroni 可以译为通心粉），而是因为 macaroni 这个词也有类似"俏皮者"的意思。

加比说

给动物注射麻醉剂时会遇到一个常见的问题——动物被麻醉后，体温往往会变低。可是企鹅不怕！它们除了有防水的羽毛，还拥有特殊的血液循环系统，可以把血液输送到腿和翅膀，有助于保暖。实际上，企鹅被麻醉后，我常常会往它们身上放冰袋——防止它们体温过高。

加拉帕戈斯象龟

➕ "病人" 档案

这种性情温和的爬行动物是世界上最大的陆龟，也是地球上寿命最长的物种之一。加拉帕戈斯象龟大多可以活到100岁以上，有些甚至活到了170岁。

❤ 栖息地和家庭构成

加拉帕戈斯群岛每座岛上的气候稍有不同，加拉帕戈斯象龟既能适应干燥、多石的环境，也能适应潮湿、植被茂盛的环境。加拉帕戈斯象龟很有领地意识，如果有同类闯入自己的地盘，它们会竭力驱赶。产卵时节，雌性加拉帕戈斯象龟会找一处温暖的地方挖个洞，在里面产卵。然后，它们会用尿液、泥土的混合物盖住卵，让其自行孵化。

🍽 食性

加拉帕戈斯象龟是植食性动物，以草、仙人掌的果实等为食。幼龟每天要吃下重量相当于自身体重17%的食物。

⚡ 威胁

天敌：鹰等

人为因素：偷猎、栖息地丧失等

🔍 体检时间

中空的龟壳：加拉帕戈斯象龟的壳（背甲）内有一些小空洞，结构有点儿像蜂窝。这种构造减轻了龟壳的重量。如果龟壳是实心结构，加拉帕戈斯象龟恐怕会被压得动弹不得。

能伸能缩的脖子：许多加拉帕戈斯象龟能把脖子伸得很长，以便吃到植物。

两个膀胱：对加拉帕戈斯象龟来说，喝下去的每一滴水都要充分利用。这种龟长有两个膀胱，可以存水一年之久。

强健的腿：加拉帕戈斯群岛上有许多岩石，岛上的地面往往崎岖不平。好在加拉帕戈斯象龟有粗壮结实的腿，可以帮它们跋涉其间。

加拉帕戈斯象龟和生活在群岛上的某些鸟类建立了特殊的关系。只要加拉帕戈斯象龟伸展脖子和四肢，小鸟就知道该给它们做清洁了。接着，小鸟会成群结队地飞到加拉帕戈斯象龟身上，把上面的昆虫和种子吃掉。

加比说

海龟和陆龟的壳是由一种摸起来像骨头的物质构成的。我们只要发现某只海龟或陆龟的壳裂开或破碎了，就得像修复断骨一样修复它。我们既要保证龟壳获得愈合所需的营养，又要时刻提防伤口感染。

加拉帕戈斯群岛

　　加拉帕戈斯群岛隶属厄瓜多尔，由海底火山喷发形成。虽然组成群岛的小岛有很多，但有人居住的岛却很少。不过，正因为这样，加拉帕戈斯群岛成了观察和研究野生动物的理想场所。

红石蟹会吃掉各种各样的碎屑、残渣,这有助于保持环境清洁

🔥 快知识

» 由于加拉帕戈斯群岛的水下有着丰富的物种,人们甚至将其誉为"世界七大水下奇观"之一。游人和科学家能常年在当地观赏到大群的海龟、双髻鲨、蝠鲼等海洋生物。

» 有一种说法是,西班牙水手最初造访加拉帕戈斯群岛时,遇到了生活在岛上的陆龟,群岛的名字便由此而来:在西班牙语中,"加拉帕戈斯"对应的词有"巨龟"的意思。

» 加拉帕戈斯群岛上有一些在世界其他地方看不到的动物。

🍃 植物

虽然厄瓜多尔有很多热带植物,但对加拉帕戈斯群岛来说,这里的大部分区域相当干燥。如果你去那里,应该会见到不少仙人掌。

⭐ 好消息

正因为加拉帕戈斯群岛如此特别,所以只有少数区域允许人类定居。群岛超过 90% 的土地被辟为加拉帕戈斯国家公园。

加拉帕戈斯陆鬣蜥主要通过食用岛上的仙人掌来摄取水分

达尔文不仅是科学家、环球旅行者,还对野生动物着迷不已。地球上为什么会有这么多不同的生物?他对这个问题特别感兴趣。

有一次,达尔文在加拉帕戈斯群岛考察时发现,在拥有高大植物的岛上,龟的脖子相对更长——有助于龟吃到高处的枝叶;而在拥有低矮植物的岛上,龟的脖子相对较短,不能伸到高处。

达尔文认为,脖子长的龟如果生活在拥有高大植物的岛上,会比脖子短的同类更容易获取食物。这样一来,脖子长的龟会比脖子短的龟更加健康,从而能够繁衍更多脖子长的后代。最终,可能那个岛上所有的龟都是长脖子。

水豚有吃自己粪便的习惯。它们这么做是为了补充肠道内的细菌，帮助自己更好地消化食物。

加比说

水豚所吃的食物包括大量的水果和蔬菜。这些食物可以为水豚提供充足的维生素C。和人类一样，水豚也需要维生素C来保持牙龈、皮肤和毛发的健康。

水豚

➕ "病人"档案

水豚是世界上最大的啮齿动物，主要分布在南美洲。水豚性情比较温和，跟许多其他种类的动物能融洽相处。

♥ 栖息地和家庭构成

水豚需要让皮肤保持湿润，因此它们喜欢生活在湿地、池塘、沼泽附近。

水豚所在的集体通常由不超过 20 名成员组成，其中会有一位首领。不过，气候干燥的时候，人们也看到过 40 多只水豚一起在水边活动。

🍴 食性

雨季的时候，水豚可以吃到很多水果、蔬菜；旱季的时候，它们一般吃草。

⚡ 威胁

天敌： 某些大型猫科动物、猛禽，以及绿水蚺、鳄鱼等爬行动物

人为因素： 偷猎等

🔍 体检时间

绝妙的脂肪： 水豚身上有不少脂肪，这些脂肪不仅能保暖，还能帮助它们在水里漂浮。

眼、耳高高： 水豚的眼睛和小耳朵长在脑袋的上部。当身体的大部分没入水中时，水豚也能"眼观六路、耳听八方"。

保护皮肤： 水豚的皮毛虽然有利于散热，但防晒效果不佳。为了保护皮肤，水豚不游泳的时候会把身体蹭上泥巴。

鼻上"鼓包"： 成年雄性水豚的鼻吻部有一高起的裸露部位，内有肥大的脂肪腺体。雄性水豚为了标记自己的地盘，会用这个部位在树上蹭来蹭去。

貘

✚ "病人" 档案

这是一头猪，一只食蚁兽，还是一头河马？都不对！这种长相独特的动物叫"貘"，和犀牛、马有亲缘关系。全世界的貘大多分布在美洲和亚洲。

♥ 栖息地和家庭构成

貘可以生活在森林、沼泽、草原之中，可以说，很多不太干燥的地方，都适宜它们生存。通常情况下，它们喜欢独来独往，但有时也会结伴而行。貘妈妈一般会把小宝宝抚养到6个月大。貘宝宝身上有斑点和条纹，这可以帮助它们更好地在树林和灌丛中藏身。

🍽 食性

貘是植食性动物，以树叶等为食。它们的胃口很大，每天可以吃下重量相当于自身体重四分之一的食物。正因为这样，貘一天的大部分时间在觅食。

⚡ 威胁

天敌： 鳄鱼、豹、大型蛇类等

人为因素： 栖息地丧失、偷猎等

小知识

貘常在水边活动是有原因的。它们除了在水里降温，还会在水里排便。因此，如果你在动物园看见貘待在水里，那可能是它们在排便。

加比说

有的貘喜欢被人挠背。我在给貘做检查时会挠一挠它们的背，这么做可以防止它们乱跑。不过，这一招只对习惯和人类相处的貘管用。

只需要看一看毛色，你就能分辨黑吼猴的性别。雄性黑吼猴的毛是黑色的，而雌性黑吼猴的毛是浅褐色的。黑吼猴宝宝出生的时候是褐色的。雄性黑吼猴宝宝的毛色会随着年龄增长而变黑，雌性黑吼猴宝宝的毛色则变化很小。本页展示的就是黑吼猴。

加比说

吼猴大部分时间待在树上，如果要给吼猴治病或检查身体，我们最常用的方法就是向它们发射带麻醉剂的小飞镖，然后爬到树上把被麻醉的目标抱下来。每次发射飞镖前，我会确保猴子的周围有厚厚的树叶或人为增设的软垫，以免它们摔下来时受伤。我可不想让动物磕伤、碰伤。

吼猴

✚ "病人"档案

中美洲和南美洲的丛林中生活着很多不同种类的猴子，吼猴算是其中数量较多的一种，也是十分吵闹的一种。吼猴喜欢用响亮的吼叫来迎接黎明，那声音在约1.5千米外都能听见。

♥ 栖息地和家庭构成

吼猴大部分时间生活在雨林的树冠上，很少到地面活动。通常情况下，一个吼猴群中有 10～20 只吼猴。每个猴群包括少量雄性和许多雌性。

🍽 食性

吼猴是杂食性动物，既吃植物也吃肉。它们最爱吃无花果、坚果，也吃花朵和叶片。如果能找到鸟巢，它们还会偷蛋吃。

⚡ 威胁

天敌：大型猛禽等
人为因素：偷猎、栖息地丧失等

🔍 体检时间

奇特的喉咙：雄性吼猴的喉部外观肿大，看起来有点儿像大号的人类喉结。这种独特的喉部结构使其发出的声音特别浑厚。

多功能的尾巴：吼猴的尾巴不仅可以帮助吼猴在跑动的时候保持平衡，还可以缠在树干和树枝上。这样一来，吼猴就能一边吊在树上，一边做别的事情。

灵敏的嗅觉：吼猴的嗅觉十分灵敏，这对觅食很有帮助。它们甚至可以闻到大约3千米外的水果和坚果的气味。

全球概览

两栖动物

两栖动物包括蛙、蟾蜍等。它们栖息在淡水充足的地方，除南极洲外的所有大洲都有它们的身影。

休斯敦蟾蜍
北美洲

蟾蜍虽然可以长时间在陆地活动，但是为了让皮肤保湿，它们还是要在潮湿的地方生活。由于干旱，休斯敦蟾蜍的数量已经大幅下降。近年来，人们向野外投放了超过100万枚在动物园培育的休斯敦蟾蜍卵，希望该种群规模有朝一日能够恢复。

玻璃蛙
中美洲和南美洲

玻璃蛙栖息在中美洲和南美洲湿热的雨林里，它们一生大部分时间都待在树上。

蒙塞尼溪螈
欧洲

和大多数两栖动物不同，蒙塞尼溪螈一生都在水里生活。这种动物难得一见。被逮到的时候，它们会分泌出一种臭臭的黏液，让你恨不得马上把它们扔回水里。

冷血动物

冷血动物包括两栖动物、爬行动物等。其实这些动物的血液并不是冷的。冷血动物也叫"变温动物"，它们的体温会随着环境的改变而变化。鸟类、哺乳动物的体温通常是恒定的。

⚡ 威胁

虽然大多数两栖动物主要在陆地上生活，但它们通常在水里产卵，幼体也要在水里长大。气候变化可能会使某个地区的降水量减少，进而导致池塘、浅溪、江河的数量减少。气候变化还会导致某个地区的气温变化无常。这些都会影响两栖动物的生存。

⚕ 健康

两栖动物很可能会患上一种由壶菌引发的疾病。科学家认为，全球气候变化导致的气温升高是加剧这种疾病传播的一大因素。身为一名兽医，我会尽力检查和治疗这类疾病。我还会检测可能有两栖动物栖息的水体，帮助两栖动物远离疾病和污染。

大部分两栖动物在一生的不同阶段会生活在不同的环境里，因此它们往往被视为指示物种。指示物种的生存状况可以反映栖息地的陆地和水体的健康程度。如果指示物种的生存出现问题，那么有可能是其栖息的环境出了问题。一旦确定了问题，我们就可以着手制订解决方案。

中国大鲵
亚洲

这种动物是两栖动物里的"巨人"——它们可以长到 2 米长。中国大鲵喜欢山中凉爽的溪流和湖泊。如果水温太高，它们就无法茁壮成长。

黄斑响铃树蛙
大洋洲

黄斑响铃树蛙喜欢在沼泽和池塘边茂盛的植物间产卵。人们曾经以为这一物种灭绝了，但近年来，又有人看到了一小群这种动物，相关人员正在为增加这一物种的数量而努力。

西部豹蟾蜍
非洲

这种身披花斑的蟾蜍是非洲的特有物种。它们会在春天温暖的雨夜去浅塘繁殖。

捕鸟蛛

➕ "病人" 档案

作为一名兽医，我不能对任何动物见死不救，哪怕是毛茸茸的大蜘蛛。这些蜘蛛虽然看起来吓人，但实际上大多怕生、性情温和。

❤ 栖息地和家庭构成

蜘蛛通常独居，捕鸟蛛也不例外。它们住在地洞里。交配后，雌性捕鸟蛛会在洞里做一个丝茧，产下卵后，把茧封起来，守护着卵直到孵化。

🍽 食性

捕鸟蛛是肉食性动物，大多捕食昆虫。体形较大的捕鸟蛛也会吃蟾蜍、蛙，甚至是小鼠之类的小型哺乳动物。

⚡ 威胁

天敌： 鸟类、两栖动物、爬行动物等
人为因素： 偷猎、栖息地丧失等

🔍 体检时间

两段： 蜘蛛不是昆虫，属于蛛形纲。昆虫的身体分为三段，而蜘蛛只有两段：腹部和头胸部。

视力不佳： 虽然捕鸟蛛拥有不止一双眼睛，但它们的视力很差。它们用覆盖全身的毛来感知气流的变化，进而发现猎物。

毛毛的腿： 蜘蛛几乎能在任何地方爬行。这要归功于它们腿部末端的纤毛。岩石或树木表面再小的裂缝，这些毛都可以"嵌"进去。

飞毛： 捕鸟蛛一般不会啃咬掠食者。为了赶走掠食者，它们常用腿从腹部抛出一些特殊的毛。这些毛飞进掠食者的眼中后，很可能会让它们痒得受不了，从而打消伤害捕鸟蛛的念头。

墨西哥火脚蛛

加比说

兽医真的会给蜘蛛治疗吗？当然会！有的时候，如果某只蜘蛛伤了一条腿，我作为兽医能做的最好的事情就是小心翼翼地把它受伤的腿去掉。旧腿被安全地移除后，捕鸟蛛会长出新腿。

很久以前，人类就知道这种大型猫科动物是多么凶猛，这一点甚至体现在美洲豹的英文名字上：jaguar（源自美洲原住民的语言，原本的意思是"一跃夺命的野兽"）。

加比说

你被美洲豹舔过吗？我还真有这样的经历！当时，一只在我的照顾下逐渐恢复健康的小美洲豹决定给我"梳洗"一番。美洲豹的舌头和宠物猫的舌头很像，触感很粗糙。猫科动物的舌头上那类似倒钩的结构，可以帮助它们从骨头上刮肉，或者清除松脱的毛发和灰尘。

美洲豹

➕ "病人" 档案

美洲豹是一种分布于美洲的大型猫科动物。由于该物种野生个体的数量正在减少，我们想要在野外遇见它们已经不太容易了。

❤️ 栖息地和家庭构成

美洲豹通常生活在森林里，偶尔也会出现在荒漠地带。通常情况下，美洲豹喜欢独来独往。它们用抓痕、气味来标记自己的领地，会为了守护领地大打出手。雌性美洲豹一胎可以产下 1～5 只幼豹，之后会把它们抚养到两岁左右。

🍽️ 食性

美洲豹是肉食性动物，捕食的对象包括貘、鹿、龟、鳄鱼等动物。

⚡ 威胁

天敌：绿水蚺（捕食年幼的美洲豹）等

人为因素：偷猎、栖息地丧失等

🔍 体检时间

长尾巴：美洲豹的尾巴不但可以帮助其保持身体平衡，还能充当鱼饵：把尾巴浸到水里摆动，可以吸引鱼儿凑近。

超强的咬合力：美洲豹的咬合力很强，它们可以咬穿极端坚韧的物质，甚至连龟壳也不在话下。

适应环境的毛色：生活在不同环境中的美洲豹的毛色不太一样。生活在阴暗森林里的个体，通常要比生活在开阔地带的个体拥有更深的毛色。

最令我惊心动魄的经历

很多人问我，最令我惊心动魄的经历是什么。我想都不用想就会说，当然是那次在伯利兹（中美洲国家）治疗一只叫"海盗"的美洲豹的经历。

我发现生活在动物园里的大型猫科动物普遍存在蛀牙和牙龈萎缩的问题。"海盗"是一只美洲豹，生活在伯利兹的一所动物园里。它的牙不好，需要接受根管治疗。人类遇到这个问题可以去找牙医，而动物则需要专职兽医。

为了给海盗进行根管治疗，我们必须先对它实施麻醉，而用来释放麻醉气体的机器需要电力才能运行。可是，在根管手术进行到一半时，突然来了一场暴风雨。一阵电闪雷鸣后，所有的灯都熄了。好在医院有两台备用发电机。

暴风雨没有停止，我的手术也没有中断。突然，第一台备用发电机停止了运行。虽然我的手指还在美洲豹的嘴里，但我依然镇定自若——毕竟还有第二台发电机。手术还算顺利，只要再给我 15 分钟就能结束工作。

没想到就在这时，第二台发电机也罢工了，而我的手还在美洲豹的嘴里！我看着我的团队，深知自己必须在两分钟内完成工作，否则的话，麻醉剂会失效，到时候我就得在一只强壮、暴躁且十分清醒的美洲豹的嘴里动手术！

于是，我加快了速度，以最快的方式做完了手术，在确认海盗没事后，便慌慌张张地跟大家一起把它抬回了兽笼。我甚至来不及把它从担架上抬下来，就赶紧溜了。我前脚刚踏出去，动物管理员也刚把门锁上，海盗就一下站了起来。要是稍晚一步，我可能就要被咬上一大口了。

很多动物和人一样，也会有牙齿方面的疾病。海盗当时如果不做根管治疗，就会失去那颗牙

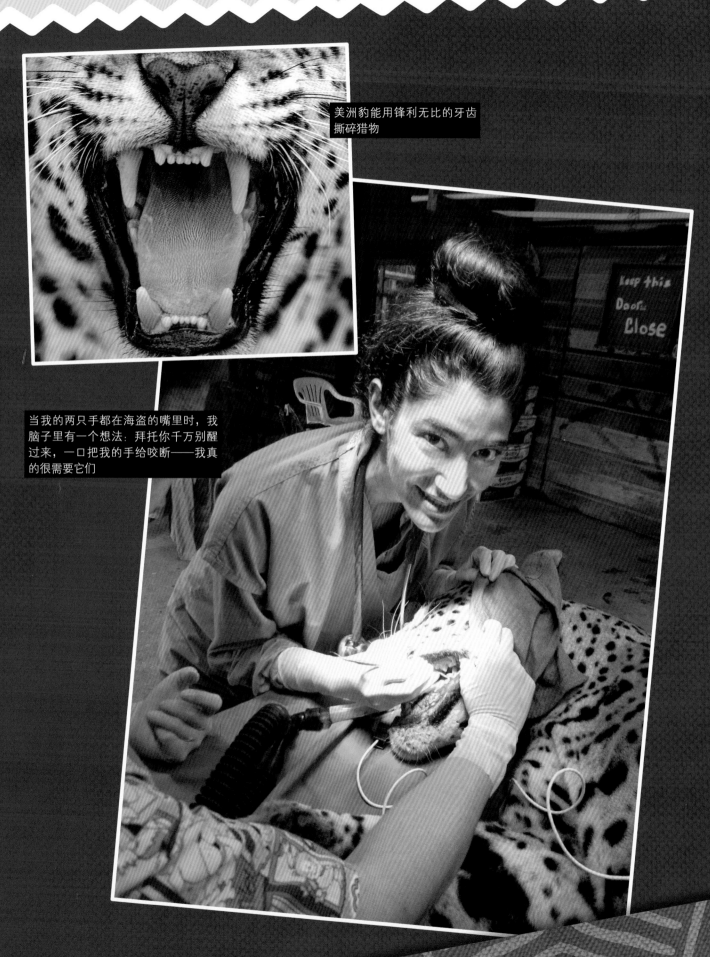

美洲豹能用锋利无比的牙齿撕碎猎物

当我的两只手都在海盗的嘴里时，我脑子里有一个想法：拜托你千万别醒过来，一口把我的手给咬断——我真的很需要它们

蜜熊

♥ 栖息地和家庭构成

蜜熊一生大部分时间待在树上，极少下地活动。很多时候，蜜熊会独自觅食，但有的时候，它们也会聚在一起，互相清洁毛发和嬉戏。通常情况下，蜜熊妈妈一胎生1～2个宝宝。蜜熊宝宝发育很快，两个月大时就能用尾巴把自己吊在树上。蜜熊妈妈会把宝宝照顾到它一岁多。

🍽 食性

蜜熊喜欢吃水果和花蜜，偶尔会吃昆虫、蛋，以及某些小型哺乳动物。

⚡ 威胁

天敌： 虎猫、美洲豹、鹰等
人为因素： 栖息地丧失等

🔍 体检时间

小而强大的耳朵： 蜜熊的耳朵虽小，但听力却很强——连蛇在树丛中穿行的声音都能听见。

保暖又防水的毛： 蜜熊的毛又厚又密，不仅能保暖，还能阻挡雨水，使身体在雨中也能基本保持干燥。

能当绳子的尾巴： 和猴子一样，蜜熊也能利用尾巴吊在树枝上。蜜熊还能把尾巴当绳子用，顺着自己的尾巴爬上树枝。

又细又长的舌头： 蜜熊的舌头大约有13厘米长。凭借这样的舌头，它们可以探入花朵深处，品尝香甜的花蜜。

灵活的脚踝： 蜜熊之所以能在树上飞快地跑上跑下，与它们灵活的脚踝有很大关系。

和蜜蜂等
昆虫一样，蜜
熊也是传粉者。

加比说

我第一次走近蜜熊时，差点儿被吓得摔倒在地。这是为
什么呢？因为我面前的小家伙明明看起来无比可爱，发出的
声音却像惨叫。说真的，我的某些同事在跟蜜熊打交道时甚
至要戴上耳塞。

骆马和原驼

➕ "病人" 档案

如果你觉得这两种动物看起来很眼熟，那也不要奇怪，因为它们与羊驼有亲缘关系。

♥ 栖息地和家庭构成

骆马和原驼成群结队地生活在南美洲的山区和平原上,每个群体中可以有10多名成员,其中的一只雄性为团队首领。通常情况下,骆马妈妈和原驼妈妈每年只产一个宝宝。宝宝出生后,会在妈妈身边生活一年左右。

🍽 食性

骆马和原驼是植食性动物,以草、灌木和其他耐嚼的植物为食。

⚡ 威胁

天敌:美洲狮等

人为因素:栖息地丧失等

🔍 体检时间

分裂的上唇: 分裂为二的上唇可以帮助原驼和骆马抓取植物,哪怕是很矮的草。

功能强大的胃: 当生活在某些干燥的平原和山区时,骆马和原驼能吃的东西里难免会有难消化的植物。可是这对它们来说不是问题,因为它们有3个胃室——可以更好地储存、消化食物。

软软的脚: 原驼和骆马都有蹄子,但它们的蹄子比鹿和马的蹄子软得多,而且每个蹄子分出两个脚趾,这样的构造可以让它们在崎岖多石的地表畅行无阻。

原驼

骆马

加比说

大多数时候,骆马和原驼在身边有人的情况下也能相当淡定。这种沉着的天性使它们成为适合驯化的理想动物。

源远流长的驼文化

古老文化

盖丘亚语是一种在南美洲被广泛使用的原住民语言。这种语言已经存在了几千年。现今的盖丘亚语使用者大多分布在秘鲁、厄瓜多尔和玻利维亚。在驯养原驼和骆马的过程中，许多盖丘亚语使用者发挥了关键作用。

大羊驼作为人类的驮畜已有数千年的历史

人和大羊驼

时至今日，南美洲的盖丘亚语使用者和其他一些居民依然与大羊驼保持着特殊的关系。

人们会让它们帮忙翻山越岭地驮运物资——但不能太重，否则不堪重负的大羊驼会赖在地上不走，直到人们减轻它们的负担才肯站起来。

人们还会剪下这些动物的毛，用于制作服饰。

印加帝国和骆马

印加帝国是历史上南美洲的一个国家。骆马在印加帝国被视为神圣的动物，备受人们尊敬。当时，只有皇族才能穿戴用它们的毛制成的服饰。

语言

盖丘亚语现在在南美洲依然被广泛使用。

欧 洲

如果按照面积由大到小排序，欧洲在世界各大洲里只排在**倒数第二位**，但这个大洲却包含近 50 个国家。结果便是，那里的**人和动物往往相伴为邻**。

我的童年时代有一段时间是在欧洲度过的，而且我的母语实际上是法语。如果你问我为什么立志成为兽医，我会说，欧洲的野生动物是促使我成为兽医的关键因素。同时，对户外的关怀也**激发出我对大自然的热爱**，这份热爱也是我直到今天依然走到哪儿带到哪儿的"宝贝"。

天下闻名

欧洲北部的海洋里有**世界上最长的水母**：狮鬃水母。有些狮鬃水母的**触手**比一头**蓝鲸**还长——足足有 37 米。

这里有世界上**最大的驯鹿种群**。

这里有**世界上稀有的野生猫科动物**：苏格兰野猫。

通常情况下，一只刺猬身上至少有5000根刺。

加比说

给一只一受惊吓就缩成球，而且还浑身带刺的动物检查身体可是个技术活儿。每次给刺猬体检时，我都会先把它放进透明的玻璃盒里观察一阵子。等它放松下来，舒展身子后，我才会对它进行彻底检查——当然，那也得等我戴好手套再说。

刺猬

➕ "病人"档案

看到这种小动物，你是不是觉得它就像被人扎满了针？这么想的人不止你一个。虽然这些刺球似的哺乳动物的长相跟豪猪有相似之处，但它们其实没什么关系。和刺猬亲缘关系最近的是一种叫"鼩鼱"的小型动物。

♥ 栖息地和家庭构成

刺猬的生活环境多样，寒冷的地方、温暖的地方、湿润的地方、干燥的地方，都有它们的身影。有些刺猬甚至住在城市里。不过，无论在哪里生活，刺猬都喜欢独居。

通常情况下，刺猬妈妈一胎会产下3～7个宝宝。

刚出生的刺猬没有视力，而且它们的刺上覆盖着一层薄薄的膜。在随后的几个小时里，这层膜会逐渐"干枯"、缩小，最后脱落。在后面的成长过程中，刺猬宝宝会褪掉嫩刺，长出硬刺，这个过程叫"换刺"。

🍽 食性

刺猬是杂食性动物，它们既吃昆虫、蛞蝓、蜗牛、蛙、蜥蜴和蛇，也吃蔬菜和水果。

⚡ 威胁

天敌：猛禽、狐狸、貂、鼬等
人为因素：栖息地丧失，被人当作害兽杀死或赶走等

🔍 体检时间

棘刺：刺猬的背上长满了尖锐的刺。这些刺是由角质蛋白等物质构成的，和你的毛发、指甲的主要成分一样。受到威胁时，刺猬会蜷成一团，保护自己柔软的肚子。

特殊的肌肉：刺猬的背上有一层特殊的肌肉。这层肌肉会在刺猬受到威胁时收缩，让背上的刺竖起来。

灵敏的嗅觉：刺猬的视力很差。刺猬靠强大的嗅觉防范天敌。

救治动物宝宝

春天不仅会带来动物宝宝，还会带来绵绵春雨。这只狐狸宝宝不幸被雨水冲出了洞穴。幸运的是，有人发现之后，把它带到了野生动物诊所。在这里，我们可以给它提供应有的照顾。

这只狐狸宝宝被瓢泼的春雨冲出洞穴后，处在脱水和饥饿的状态。我们很快就给它补充了水分，还喂它喝了特制的配方奶

要说作为兽医最棒的经历是什么，在我看来，救治动物宝宝绝对是其中之一。照顾幼小的动物和照顾成年的动物区别很大。我们不仅要给宝宝疗伤，还要像它们的妈妈一样满足它们对营养的需求。

哺乳动物的宝宝需要喝奶，其他动物的宝宝则需要各种不同形式的食物。例如，有些种类的龟在出生时是肉食性动物，长大后却变成杂食性动物，甚至是植食性动物。蛙小的时候（蝌蚪）会从水中获取营养，因此我必须确保它们居住的水池和其中的水是干净的，并且水中有它们生长所需的营养。雏鸟的需求也因种类而异，有些种类的小鸟可能需要吃糊状食物。

由于每个物种的需求不同，我们必须细致入微地为其准备最合适的第一顿早餐、第二顿早餐、午餐、"下午茶"、第一顿晚餐、第二顿晚餐、夜宵……有时情况会变得相当复杂，例如，小旅鸫一天可能要被投喂100次以上。

我们还得想办法让动物宝宝"保持野性"。对野生动物来说，懂得如何独立生活是很重要的。首先，我们要确保它们尽量少与人接触，以免它们以后会尝试接近人类。等动物宝宝身体恢复得足够好了，我们就会把它们送到野生动物复健师（我管他们叫"复健员"）那里。复健员可以帮助动物宝宝做好回归野外的准备。例如，他们帮助雏鸟增强力量，让它们学习如何飞翔、狩猎等。在兽医的职业生涯中，与训练有素的复健员合作是一项非常重要的工作。

有时，孵化不久的小海龟在从沙巢爬到海洋的途中会中暑。这种情况下，我们会先把这些小家伙放进冷水里降温，并且给它们做健康检查，然后再把它们放回野外

这只小羊被送到诊所"托管"，而它的妈妈则在进行产后休息和恢复

棕熊

➕ "病人" 档案

棕熊在地球上现有的熊中算是个头很大的一种，也是大型的肉食动物。它们的分布范围很广，北美洲、亚洲、欧洲等地的山林里都有它们的身影。

♥ 栖息地和家庭构成

从高山到平原，从气候寒冷的地方到气候温暖的地方，都有棕熊的栖息地。棕熊通常独来独往，强烈反对其他同类进入自己的地盘。雌性棕熊每年通常产下 1～2 个宝宝。在出生后的几年里，幼熊会紧紧跟随妈妈，学习如何狩猎和自卫。

🍽 食性

棕熊是杂食性动物，既吃狐狸、兔子、鱼和鹿等体形比自己小的动物，也吃水果等。

⚡ 威胁

天敌：很多大型掠食者，包括老虎、狼和其他种类的熊等

人为因素：猎杀、栖息地丧失等

🔍 体检时间

大熊掌：与很多其他种类的熊相比，棕熊的爪子没有那么锋利，因此棕熊不擅长爬树，爪子主要用于防身和狩猎。

厚肩膀：棕熊的肩上有一块隆起的肌肉，这让它们更有力气进行挖掘。

一身膘：熊在冬季可以进入一种叫"冬眠"的特殊状态。冬眠期间，它们很少吃喝（甚至不吃不喝），而且不排泄。换句话说，它们会避免做消耗体力的事情。因此，厚厚的脂肪对处于冬眠的熊来说至关重要。

加比说

对大多数人来说，要想保持身体健康，当然得定期锻炼。熊跟人类可不一样。科学家发现，虽然熊每年有大约一半的时间在打盹儿，但心脏、肌肉和骨骼依然强健。他们也不清楚熊是怎么做到的。

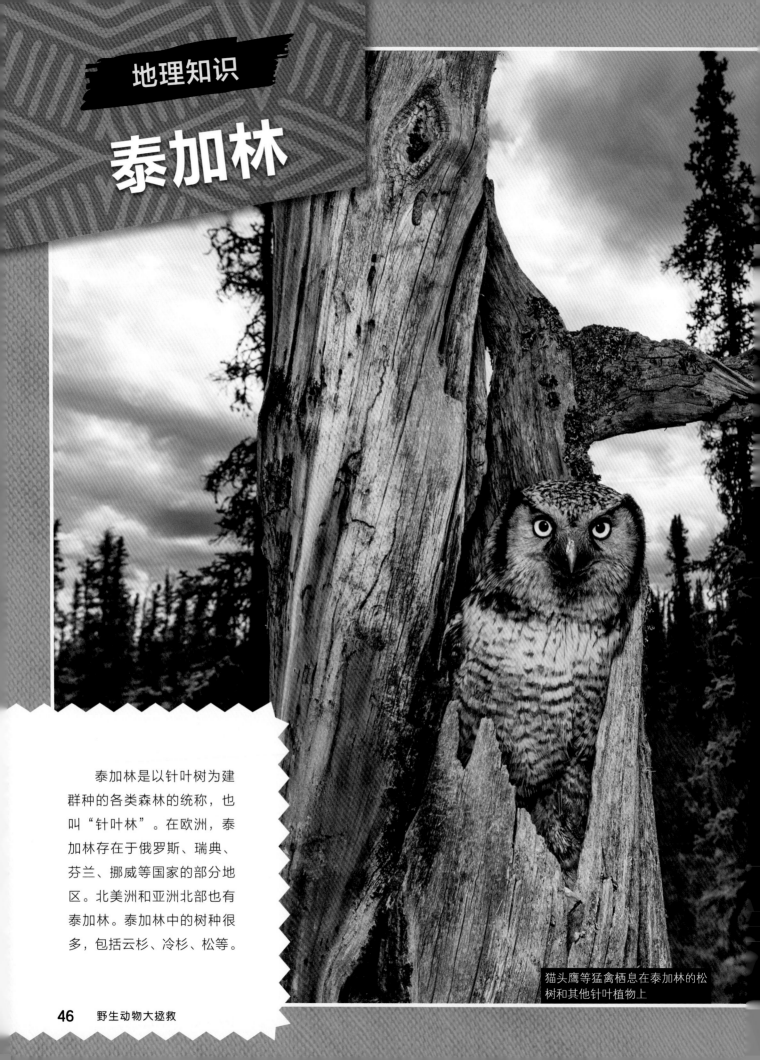

泰加林

泰加林是以针叶树为建群种的各类森林的统称，也叫"针叶林"。在欧洲，泰加林存在于俄罗斯、瑞典、芬兰、挪威等国家的部分地区。北美洲和亚洲北部也有泰加林。泰加林中的树种很多，包括云杉、冷杉、松等。

猫头鹰等猛禽栖息在泰加林的松树和其他针叶植物上

驼鹿之类的动物已经适应了泰加林的生活，能够消化那里的植物

🔥 **快知识**

» 泰加林一带的气候有时非常恶劣——冬季寒冷多雪，夏季的时候也不太暖和。

» 泰加林中的某些土壤贫瘠且多石，很少有植物能在其中生长。

» 泰加林中的很多树木非常高大，且木质优良，可作为建筑用材和造纸的原料。

🍃 动物

泰加林中的动物演化出了各种"生存本领"，例如，熊、猞猁等动物有厚厚的脂肪层用于保暖，而驼鹿这样的植食性动物能够消化在贫瘠土壤中生长的坚硬、耐嚼的植物。

⭐ 相关概念

针叶树： 松柏纲植物的统称，因叶形近似针形且多为乔木而得名。

冻土： 在0℃以下冻结，并含有冰的岩土。

狼有一身厚厚的"毛大衣"，可以保持身体的温暖和干燥

在泰加林寒冷的冬季，包括棕熊在内的一些动物大部分时间在睡觉

羱羊

➕ "病人" 档案

欧洲拥有一些壮丽的大山，如比利牛斯山脉、阿尔卑斯山脉。这些有山的地方，往往就有羱羊群出没。

♥ 栖息地和家庭构成

羱羊生活在小规模的集体里。成年雌性羱羊和小羱羊待在一起，成年雄性羱羊则组成自己的"光棍儿群"。

🍴 食性

羱羊是植食性动物，以灌木、草等为食。山区的植物并不总是营养丰富，因此，羱羊为了获得充足的营养，一天大部分时间在进食。

⚡ 威胁

天敌：狼、鹰、熊、狐狸、猞猁等

人为因素：猎杀、栖息地丧失等

🔍 体检时间

大大的角：雄性和雌性羱羊都长有角，雄性羱羊的羊角更长、更粗一些。羱羊会用角来保卫领地。

强壮有力的腿：凭借肌肉发达的腿，羱羊可以跳得很高。当羱羊行走在峭壁之上，让掠食者无可奈何时，强有力的腿还能帮它们保持平衡。

功能强大的蹄：羱羊的蹄子是"偶蹄"，也就是说，羱羊的蹄子像牛的蹄子一样分成两瓣。羱羊的蹄子边缘较硬，还有内陷的部分，这种构造有利于攀爬。

小知识

由于蹄子的形状特殊，羱羊可以做到"飞檐走壁"——这也是它们的"绝活儿"。

加比说

要想正确地治疗动物，就必须学会分辨那些看似相同的东西，如鹿茸和羊角。鹿茸会自然脱落，羊角则永远不会自然脱落。

雕鸮

➕ "病人"档案

欧洲大陆上有很多种猫头鹰，悄无声息的"夜行猎手"雕鸮便是其中之一。这种猛禽和某些种类的鹰个头相当，是世界上体形最大的猫头鹰之一。

♥ 栖息地和家庭构成

雕鸮主要分布于欧洲和亚洲的部分地区。它们一般不筑巢，喜欢侵占其他鸟类搭建的巢，或者住在树洞里。雕鸮妈妈产卵后，会待在巢里照看雏鸟，而雕鸮爸爸则负责为雏鸟提供食物和保卫鸟巢。

🍴 食性

猫头鹰是肉食性动物，会捕食昆虫、老鼠、鸟、兔子和其他小动物。猫头鹰咽下食物后，会吐出被我们称作"食团"或"唾余"的东西。食团中有猎物的骨头和毛等无法被消化的东西。

⚡ 威胁

天敌： 某些大型鹰类

人为因素： 被汽车撞死或被宠物杀死等

🔍 体检时间

能够消声的羽毛： 猫头鹰的羽毛结构特殊，有降噪的功能，这使得猫头鹰在空中飞行时几乎静音。

直视前方的眼睛： 猫头鹰有很强的夜视能力，这有助于它们在夜间捕猎。但是，猫头鹰无法转动眼睛，必须靠扭头来观察位于不同方向的事物。

高低不同的耳朵： 猫头鹰的耳朵在头上的位置并不对称，而是一高一低。这种构造有助于猫头鹰精确地定位猎物。

劲爪利喙： 猫头鹰抓力惊人。它们会用利爪捕捉猎物，然后用喙把猎物撕开。

猫头鹰并不像传闻中那样能把头转一整圈，而是只能扭转大约 270°。不过，一般情况下，它们只会把脑袋扭转 180°，也就是转到正后方。

加比说

给这些猫头鹰做检查时，最佳的操作方法就是握住它们的脚（通常握住"脚踝"），用胳膊轻轻地夹住它们的翅膀，并且又轻又牢地扶住它们的头，让它们背靠着我的胸膛。我常用毛巾盖住猫头鹰的脸，因为遮住眼睛可以让它们平静下来。这些鸟的爪子又大又锋利，因此，我总是戴上很厚的皮手套来保护自己。

猛禽

猛禽是指性格凶悍的肉食性鸟类类群。相较于其他鸟类，猛禽拥有更锋利的喙和爪子、更高超的捕猎技巧和更敏锐的视觉。下面列举了我最喜欢的几种猛禽，一起来看一看吧！

加州神鹫
北美洲

加州神鹫一度濒临绝境。幸运的是，随着人类把在动物园繁育的加州神鹫放归野外，它们的数量正在恢复。

加岛鵟
加拉帕戈斯群岛

自从人类带着猫、狗等动物定居加拉帕戈斯群岛后，这些鸟的数量便急剧减少。

秃鹫
欧洲和亚洲

秃鹫常常误食鼠药，以至于它们的数量曾经非常稀少。得益于人们在自然保育方面做出的努力，秃鹫的数量已经得到一定程度的恢复。

⚡ 威胁

猛禽体形较大，捕食方式特殊，它们面临的问题往往和其他鸟类面临的问题不同。例如，猛禽经常在高处寻找猎物，因此它们有可能撞上电线；猛禽俯冲捕食时，有可能与汽车，甚至风车相撞。此外，和其他动物一样，猛禽很容易误食有毒的食物，而且由于处在食物链的顶端，它们更容易遇到这个问题。

健康

我收治过的猛禽大多是因为跟汽车、栅栏，还有窗户等人造物相撞而受伤的。除了给它们疗伤，我还要尽力教人们用无害的方式处理问题，使人类和猛禽都相安无事，各得其所。

猛禽通常位于食物链顶端，也就是说没有或少有别的动物能捕食它们。然而，高居食物链顶端却给这些鸟类带来了各种各样的问题。

由于猛禽是掠食者，猎物吃下的东西有可能进入它们体内。例如，一条鱼如果吞下了一块金属，吃掉这条鱼的猛禽也有可能遭殃。正因为这样，我们在思考如何保护大自然时，必须考虑整条食物链，而不是局限于某个环节。

楔尾雕
大洋洲

楔尾雕是澳大利亚最大的猛禽。这种猛禽爱吃路边被撞死的动物，因此它们被汽车撞到的可能性很大。

裸腿角鸮
非洲（塞舌尔群岛）

裸腿角鸮大多生活在印度洋的岛上。人类把宠物带上岛后，裸腿角鸮曾经在"入侵者"面前节节败退，但现在其数量总算有了回升的迹象。

猛雕
非洲

猛雕体形很大，能捕食各种各样的小动物，可它们常常被为了保护禽畜的农民猎杀。

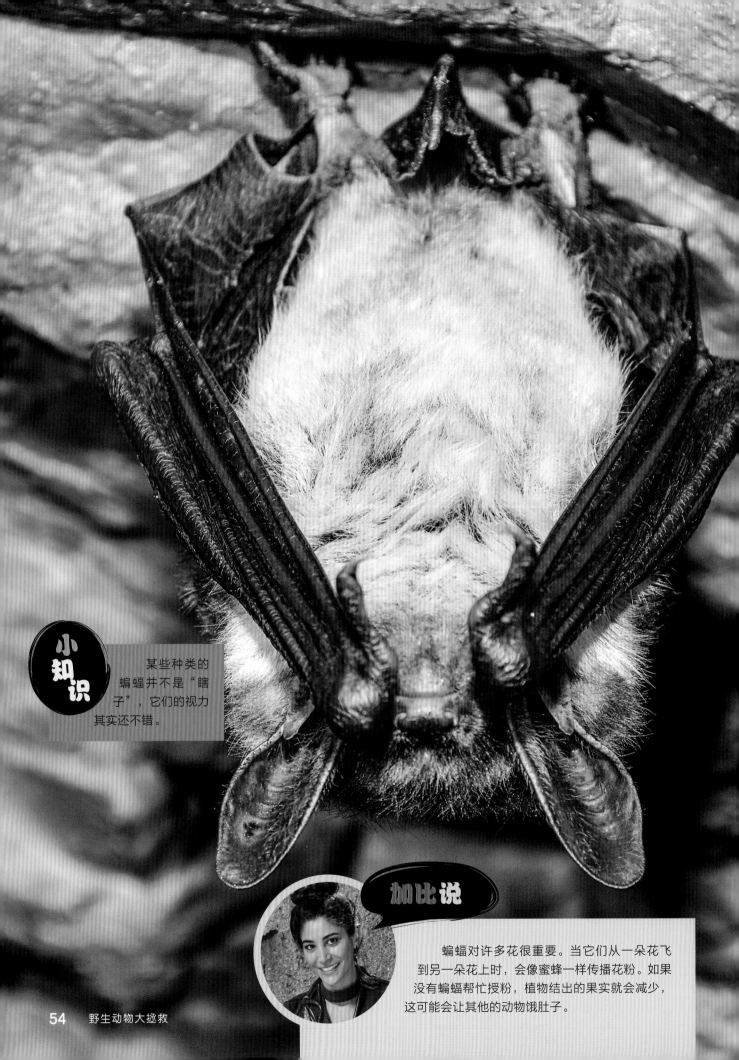

小知识
　　某些种类的蝙蝠并不是"瞎子"，它们的视力其实还不错。

加比说
　　蝙蝠对许多花很重要。当它们从一朵花飞到另一朵花上时，会像蜜蜂一样传播花粉。如果没有蝙蝠帮忙授粉，植物结出的果实就会减少，这可能会让其他的动物饿肚子。

蝙蝠

➕ "病人" 档案

　　欧洲的蝙蝠的数量在连续多年下降之后，终于开始回升。这真是一个好消息，因为蝙蝠能为大自然做出许多重要的贡献——它们可以控制昆虫的种群规模，防止蚊子之类的昆虫泛滥成灾。

🖤 栖息地和家庭构成

　　蝙蝠成群结队地生活。蝙蝠群可以住在洞穴里、空心的树里，甚至建筑物的阁楼里。雌性蝙蝠一年产下 1～2 只小蝙蝠。蝙蝠妈妈的生产方式相当神奇——它们可以倒挂着生宝宝。某些种类的蝙蝠在一个月大时就能独自飞行和捕猎。

🍽 食性

　　不同种类的蝙蝠有不同的饮食习惯，有些喜欢吃昆虫，有些喜欢吃花蜜和水果。

⚡ 威胁

天敌： 猫头鹰、蛇、浣熊等
人为因素： 环境污染、栖息地丧失等

🔍 体检时间

灵活的"手指"： 蝙蝠的翅膀很像经过改造的人类的手。我们可以把翅膀上的骨头看作几根灵活的"手指"。如果你仔细观察一只飞行中的蝙蝠会发现，它并不像很多鸟儿那样扇动翅膀，而是通过一种看起来像人在游泳的动作，让自己"划开"空气。

回声定位： 有些蝙蝠能通过回声定位来寻路。它们用鼻子或嘴巴发出尖锐的声音，然后仔细聆听反射回来的声音，进而判断去向。

凹凸的翅膀： 蝙蝠的翅膀上存在微小的突起物。这些突起物上的毛能感知蝙蝠周围的空气，促使蝙蝠的翅膀改变形状，使飞行速度更快。

学鸟说话

如果你和小宝宝相处过很多年就会知道，他们在不同的年龄学的东西、做的事情是不同的。年幼的动物也是这样。动物的年龄对我制订治疗方案影响很大。动物宝宝通常会在我这里得到一些特殊照顾。

了确保它没有生病，我给它做了血液检查。血检结果表明它一切正常后，我们成功地把它托付给了一位充满爱心的野生动物复健师。那位野生动物复健师最终把它送回了野外。将来的某一天，它说不定会有自己的孩子呢！

有一次，我发现自己必须在如何照顾一只小乌鸦的问题上做出选择。我非常担心那只雏鸟对我产生"印刻效应"，也就是说，它会从我这里学习人类的行为，而不是从同类（如它的父母）那里学习鸟类的行为。小乌鸦对人类产生印刻效应可不是什么好事。当乌鸦回到野外的时候，表现得像人类一样是帮不了它什么的。因此我要防止小乌鸦对我产生印刻效应。

于是，我心生一计：我要尽量表现得像乌鸦妈妈。

我试着让自己的手指看起来像一个小小的鸟喙，然后模仿鸟妈妈给孩子喂食时的样子。为了让雏鸟以为我是来给它送食物的鸟妈妈，我还会学乌鸦叫。令我兴奋的是，小乌鸦立刻把脖子伸了过来。也就是说，它知道这声音意味着："吃早餐啦！"

经过几天的护理，那只小乌鸦恢复得很好。为

乌鸦宝宝张大嘴巴，等爸爸、妈妈来喂食

乌鸦很聪明，它们甚至可以互相传授知识，如怎么辨认某个人

大群的乌鸦有时会聚集在树上，尤其是在秋冬季节

卡马尔格马

➕ "病人"档案

卡马尔格马源自法国南部，体形不算大，据说被很多人认为是世界上最古老的马种。

❤ 栖息地和家庭构成

卡马尔格马以小群的形式聚居。每年，每个马群中都会增加一些小马。小马的体色通常较深，几年之后才会变浅。

🍴 食性

卡马尔格马是植食性动物。它们不太挑食，对那些生长在咸水湿地里的又硬又咸的植物也来者不拒。

⚡ 威胁

天敌：狼等

人为因素：暂无

🔍 体检时间

没有锁骨：与许多动物不同，马没有锁骨，这种身体构造有利于它们奔跑。

无与伦比的眼睛：马的眼睛很大，如果根据眼睛的大小（从大到小）来排名，马在所有陆生动物中一定名列前茅。马的两只眼睛还能各自独立地转向不同的方向，这让马几乎可以全方位地观察周围的事物。

"只进不出"的胃：很多动物会呕吐，但马不会，这与它们独特的消化系统构造有关。科学家也不知道马为什么会进化成这样，他们猜测这样可能可以防止马在奔跑时呕吐。

成年卡马尔格马看上去通常是灰白色的，这并不是因为它们有灰白色的毛。它们的体色是由白色的毛和毛下黑色的皮肤共同形成的。

加比说

我在野外照料动物时得到过很多帮助。在给卡马尔格马进行年度健康检查时，法国卡马尔格当地有驯马经验的人会帮我把马集中起来。

兽医番外篇

马的历史和马的护理

一谈到马，我就停不下来，我实在是太爱马了，而且我知道很多人和我一样，也很喜欢马。人类在几千年前驯化了马，从那时起，它们便能帮助人们拉车和耕田，还能载着人们长途跋涉。

基本检查

对于马这种动物，有时，我只看它一眼，就能根据一些特殊的线索判断它大致的健康状况。我会问自己 3 个问题：

1. 它的外观怎么样？一匹马的毛应该有光泽，头应该是高昂的，眼睛和鼻子应该是干净的，而不是鼻涕眼泪往下淌。

2. 它的状态怎么样？马应该保持警惕——对人，对其他的马，对周围的环境时刻关注。

3. 它的站姿怎么样？一匹马的 4 只脚都应该负重。如果它总是抬起某只脚，或者让脚轮流休息，那它的腿或脚可能出问题了。

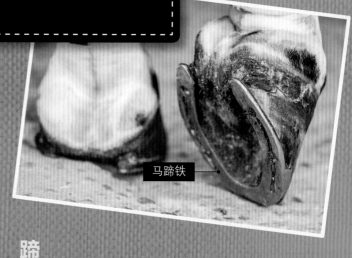

马蹄铁

蹄

兽医之间有一句行话："无蹄不成马！"健康的马始于足下——这意味着在体检期间，我会特别注意检查马的蹄子。

蹄壁有点儿像你的手指甲和脚指甲，在马的一生中会不停生长。蹄壁里面没有任何神经，因此在修剪它时，马不会感到疼。人们给马装上马蹄铁，其实就是把马蹄铁钉在蹄壁上。健康的蹄壁不应该是破碎的。

最早的马个头不大，在进化过程中，马的身体逐渐发生变化——它们的腿和口鼻处变长了，牙齿也变得更适合吃草了。除此之外，人类还会培育具有特定大小、颜色和力量的品种。

耳

鬃

背

臀

尾根

膝

蹄

腹

骡子是什么

骡子由公驴和母马所生。骡子往往比马有更好的耐力，因此，人们经常用骡子来运货或拉车。

非　洲

非洲大陆是地球上第**二大的大陆**，那里生活着一些神奇的动物。非洲的草原为它们提供了食物和栖息地，例如，热带稀树草原就是长颈鹿、斑马、狮子等非洲动物的家园。

非洲是我最常去的地方之一，**我人生中的某些重要时刻**就发生在那里。例如，**被兽医学校录取**这件事，就是在我第一次去肯尼亚，下飞机的时候得知的。

天下闻名

2000 多种
鸟

有蹄类是这里的景观动物，且**种类之丰富、数量之多**，均**超越其他大洲**。

大约
1100 种
哺乳动物

小知识

犀牛会用粪便来标记领地和进行沟通，这些粪堆里包含许多信息。

加比说

在过去的某段时间里，野生黑犀的数量不足2500头。在许多人的共同努力下，这一物种的数量在逐渐恢复。尽管黑犀的生存依然受到威胁，但是看到在野生动物保育方面的努力初见成效，总归是一件让人高兴的事情。

黑犀和白犀

✚ "病人"档案

全世界共有五种犀牛，非洲有两种：黑犀和白犀。这两种动物有不少共同之处，例如，它们都是灰色的。

黑犀

白犀

♥ 栖息地和家庭构成

白犀成群地生活在非洲的热带稀树草原上。大多数白犀群拥有十几名成员。黑犀通常不结群，它们形成的唯一牢固的关系，是犀牛妈妈和犀牛宝宝之间的关系——母子会一起生活两到三年。

🍽 食性

虽然黑犀和白犀都是植食性动物，但是它们吃的植物却不同。黑犀常常抬头去吃树叶和嫩枝，白犀则习惯低头咀嚼地上的草和其他低矮植物。

✐ 威胁

天敌：无

人为因素：栖息地丧失、猎杀等

🔍 体检时间

招牌犀牛角：犀牛的角是犀牛身上非常有特点的部分。犀牛角的外层有一种叫"角蛋白"的物质。你的身上也有角蛋白——头发和指甲里就有。犀牛不仅用角来自卫，还能用角来挖坑、找水。

超级"雷达耳"：犀牛的听觉相当敏锐。它们长筒似的耳朵可以多角度旋转，好像雷达的天线一样，可以探测到微弱的声音。

敏感"铠甲皮"：犀牛的皮肤很厚，可以像铠甲一样保护身体内部免受棘刺和尖草的伤害。与此同时，犀牛的皮肤又足够敏感，友好的犀牛之间会用互相磨蹭的方式来打招呼。为了保持凉爽和驱赶蚊虫，犀牛经常要去稀泥中打滚儿，这么做也能防止晒伤。

强悍大脚趾：白犀的体重可以达到3600千克，每天挪动这么笨重的身躯可不轻松，幸好白犀的脚形状扁平，末端有3个粗大的脚趾。这种构造有利于分散体重，避免脚产生酸痛感。

非洲草原象和非洲森林象

➕ "病人"档案

大象是我最喜爱的动物之一，而非洲就有两种大象——非洲草原象和非洲森林象。非洲草原象是世界上最大的象，也是世界上最大的陆地哺乳动物。非洲森林象的体形没有非洲草原象的大，它们生活在非洲西部和中部茂密的森林里。

♥ 栖息地和家庭构成

非洲草原象和非洲森林象广泛分布在非洲大陆。大象是群居动物，每个象群主要由雌象和幼象组成。虽然象群里也有少数雄象，但象群通常是由一头年长的雌象来领导。

🍽 食性

大象是植食性动物，日常食物里有60%是生长在地面的草。大象也能吃树上的嫩枝和叶子。大象的胃口很好。

⚡ 威胁

天敌：成年大象没有天敌，但幼象可能被狮子、鳄鱼或土狼等捕食

人为因素：栖息地丧失、猎杀等

🔍 体检时间

多功能的耳朵： 大象的大耳朵不仅对增强大象的听力有帮助，还能帮大象降温。你经常会看见大象轻轻地用耳朵来扇风，就像头上长了两把扇子一样。

灵活的象鼻： 非洲草原象和非洲森林象都有长长的鼻子。象鼻是功能强大的工具，可以帮助大象喷水、掸灰、挖掘、采摘食物等。

奇特的长牙： 非洲森林象和非洲草原象都有长长的象牙。非洲森林象的长牙通常更直，尖端朝下，非洲草原象的长牙则是向上弯曲的。

带垫子的脚： 大象虽然体形庞大，但走起路来却不会制造出太大声响，其中的秘诀就在于它们拥有带肉垫的厚实的大脚。

非洲森林象

非洲草原象

在做某些事情时，有的人习惯用左手，有的人习惯用右手，大象用长牙挖掘、拾取时也有类似的习惯。当一头大象习惯使用它某一侧的长牙时，这一侧的象牙便会磨损得更厉害。

加比说

我一直对大象的交流方式着迷不已。只需要观察一下大象的耳朵和鼻子，我就能知道它们的情绪和感受。

卢帕尼社区学校

ACHIEVING ACADEMIC EXELLENCE AND PROMOTING SUSTÀNABLE CONSERVATION IS OUR FOCUS

LET'S CONSERVE NATURE

这所学校的学生除了学习数学、写作外，还会学习环境保护方面的知识

任重道远

要说我在世界各地行医的过程中有什么体会，最大的感触就是，生活在一个"大"世界就必须面对一些"大"问题。我在赞比亚行医时遇到了一些孩子，他们正在努力解决自己的社区所面临的野生动物方面的难题。他们正在了解大象和其他非洲野生动物对学校周边土地的占用情况，并想弄清为什么让一部分土地保持自然状态、免于被人类开发十分重要。

大象的生存面临着许多挑战，最大的挑战是栖息地的丧失。一旦天然栖息地遭到破坏，大象就无法获得充足的食物和水，也失去了安全的居住环境。通过学习如何与野生动物"邻居"分享土地，这些孩子正在把实实在在的生机还给非洲象。

环保榜样

赞比亚的塞库泰社区专门划出了大约 2 万公顷的土地，作为动物保护区。其中的某些区域对大象的生存是不可或缺的。

卢帕尼社区学校的学生一边了解土地和野生动物，一边通过在学校的操场上种植和维护当地植被来保护它们。他们还学习如何对包括水在内的天然资源进行可持续利用。就连学校本身的某些系统都是靠太阳能运转的。

这所学校开了一个好头。我希望其他学校和社区能够以它为榜样，一起来保护野生动物。

直接与动物共事非常重要，与生活在动物身边的人（尤其是小朋友）共事也同样重要。卢帕尼社区学校的学生热衷于学习野生动物保育方面的知识。看到小朋友们愿意帮助解决我们正在面对的某些问题，这种感觉是多么美好，多么给人希望呀。

当人类和狮子住得太近时，双方可能会有不少冲突。许多人致力于弄清狮子在人类附近生存所需的条件

学校的操场在设计时便考虑到要尽量减少对当地野生动物的影响

这种叫"黑斑羚"的动物生活在非洲的草原上

语言

虽然英语是赞比亚的官方语言，但是卢帕尼社区学校的学生也会说一种或多种当地语言。

鲸头鹳

➕ "病人"档案

鲸头鹳大多生活在非洲的沼泽地带，是一种长相独特的大鸟。它们不爱叫，有时为了一顿美餐，可以耐心地等上好几个小时。

小知识

鲸头鹳的确可以好几天一声不吭。但是，人家"不鸣则已，一鸣惊人"。在警告其他动物离开自己的领地时，鲸头鹳会发出一连串响亮而有节奏的嗒嗒声，听起来就像冲锋枪发出的声音。

🫀 栖息地和家庭构成

鲸头鹳喜欢独来独往，只有在交配时才会聚在一起。雌性鲸头鹳一次产1～3枚卵。雏鸟孵化后，鲸头鹳妈妈会把它们抚养到约3个月大、能够独立飞行为止。

🍽️ 食性

鲸头鹳的食物主要是鱼和小蛇，但它们也会吃啮齿动物，甚至是小鳄鱼。

⚡ 威胁

天敌：成年鲸头鹳几乎没有天敌，但爬行动物和小型哺乳动物可能会为了偷蛋吃而袭击它们的巢

人为因素：栖息地丧失、猎杀等

🔍 体检时间

钩嘴： 这种奇特的鸟很好辨认，因为它们有一个带钩子的巨大的喙。喙的末端十分锋利，这种喙有助于鲸头鹳捉住水里的猎物。

大脚： 鲸头鹳的脚不是一般的大，凭借这双大脚，鲸头鹳在泥浆或水中捕猎时能够保持身体平稳。

宽翼： 鲸头鹳完全展开翅膀时，两个翼尖之间的距离（也就是翼展）可以达到它们身高的两倍。虽然拥有这么一对宽大的翅膀，但飞行却不是鲸头鹳的强项。事实上，它们既不会飞得很远，也不会飞得很高。

加比说

我虽然系统地学习过动物医学，但并不意味着我不用继续学习了。直到最近我才知道，鲸头鹳跟鹈鹕在生物学上的亲缘关系很近。了解动物之间的关系可以让我更好地照料它们——特别是在治疗我从没亲眼见过的动物时。

寿司鞠躬

许多鲸头鹳在非洲东部温暖的沼泽中安家。有人说它们长得像恐龙，我觉得还是挺有道理的。这种鸟看起来很凶，有一只名叫"寿司"的雌性鲸头鹳在当地就"小有恶名"。

我在乌干达野生动物教育中心见到了"寿司"。寿司当时大约30岁，对可以活到60岁的鲸头鹳来说，还算是挺年轻的。只是到了这个岁数，它已经不能回归自然了。

鸟类在幼年时会经历一个叫"印刻"的阶段，那时，它们会确定自己该信任和模仿的对象。正常情况下，它们信任和模仿的对象是鸟爸爸和鸟妈妈。因为寿司孵化后不久便被人类从沼泽里带回来救治，所以它对人类产生了印刻效应。它信任人类，允许人们照料它。可是，如果遇到不怀好意的人，它就有危险了。除此之外，对人类产生印刻效应还导致它和同类难以相处，就连寻找配偶都成问题。

寿司在很多方面不同于其他同类，这点它自己也知道。它不喜欢和其他鲸头鹳分享用具，因此只能单独给它安排一个饲养区，里面有它专用的池塘和池塘护网。寿司俨然是一位"大小姐"，得派专人伺候。

在野外，当同类闯入自己的领地时，鲸头鹳会奋力驱赶，尤其是带着宝宝的妈妈更会这样。我在和动物打交道时总是时刻保持警惕，这不仅是为了动物的安全，也是为了我自己的安全。由于我事前就知道寿司是出了名的难伺候，所以在给它做检查前，我决定先向它介绍一下自己。

乌干达野生动物教育中心是各种非洲动物的庇护所

首先，我亮出了自己最拿手的"鲸头鹳模仿秀"。我站起身，张开双臂，尽量让自己看起来像一只大鸟。我的想法是，如果它觉得我比它大，大概就不会发动攻击了。

　　我惊讶地发现，寿司在静静地打量了我几分钟之后，竟然优雅地向我鞠了一躬。于是，我也回鞠了一躬。可是它摇了摇头，好像在说：你做得不对。然后它又鞠了一躬。就这样，我们来来回回地鞠躬，直到"礼节到位"为止。之后，为了查看这位鲸头鹳朋友的健康状况，我在它的允许下给它抽了一点儿血。

进行全面体检之前，我在寿司身边陪它走了一会儿，一边观察它的行为，一边对它的身体进行目检

获得一顿美餐后，这只鲸头鹳满意地飞走了

山地大猩猩

➕ "病人"档案

大猩猩是地球上体形最大的类人猿。虽然它们有着尖尖的牙齿和强壮的体格，看起来很凶猛，但实际上既怕生又温和。在所有种类的大猩猩中，非洲的这些山地大猩猩面临的生存威胁最大。

🖤 栖息地和家庭构成

大猩猩是群居动物，每个族群有 10～20 名成员，通常由一只魁梧的成年雄性大猩猩（银背）领导。虽然族群里可能还有少量年轻的雄性大猩猩，但大部分成员是雌性大猩猩和小猩猩。

🍽 食性

大猩猩主要吃植物，特别是根、叶、树皮和果实，偶尔也会吃虫子。大猩猩不怎么喝水，因为它们从吃下的植物里便能获得所需的大部分水。

⚡ 威胁

天敌：无

人为因素：栖息地丧失、偷猎、疾病（大猩猩和人类同属于灵长目动物，它们可能会感染来自人类的疾病，却没有人类那样对抗疾病的手段）等

小知识

山地大猩猩不喜欢洗澡，也不喜欢淋雨。科学家发现，为了保持身体干燥，下雨时，它们会躲进附近的洞穴。

🔍 体检时间

厚实保暖的皮毛： 山地大猩猩生活的地方比它们的近亲——低地大猩猩生活的地方海拔更高，因此，山地大猩猩的毛更长、更厚，这有助于山地大猩猩在寒冷的环境中保暖。

分工明确的牙齿： 大猩猩的牙齿数量与大多数人的牙齿数量相同，而且它们使用牙齿的方式与人类的用牙方式也大同小异。虽然大猩猩那几颗尖尖的牙齿看起来很威猛，但把嘴里的树叶和嫩枝磨碎这样的累活儿却是由扁平的臼齿完成的。

比腿还长的胳膊： 大猩猩的胳膊比腿长。它们常常四肢并用地行走，也会四肢并用地奔跑。

和人类似的心脏： 大猩猩和人类一样需要一颗健康的心脏。大猩猩的心脏包含 4 个腔室。你的心脏也一样。

加比说

了解一点动物的"语言"也是兽医的职业技能之一，这能帮助我们了解动物的感受。下面是大猩猩发出的几种声音和它们很可能代表的意思：

声音	含义	使用场合
打嗝声	"我吃饱了。"	吃饭时
哼	"给我老实点儿。"	教训宝宝，或者首领批评族群的其他成员时
呼	"怎么回事？"或"注意！"	首领要全体成员注意时
啪（捶胸或拍大腿）	"走开！"或"来玩！"	驱赶敌人或邀请另一只大猩猩玩耍时

卢旺达火山国家公园

公园内外都有农业社区

卢旺达火山国家公园位于卢旺达北部，它的附近还有两个邻国的国家公园——乌干达的姆加新加大猩猩国家公园和刚果民主共和国的维龙加国家公园。这3个国家公园共同组成的区域是野生山地大猩猩在地球上最后的栖息地。

快知识

» 卢旺达火山国家公园建于1925年。
» 它的占地面积约为160平方千米。
» 公园内存在5座死火山。

植物

许多火山上有竹林覆盖。竹子是一种极其重要的资源，能为许多动物提供食物和住所，而且生长得很快。

好消息

得益于自然保育工作者的努力和公园管理员的守护，卢旺达火山国家公园里山地大猩猩的数量每年都在增加。我们认为，现在大约有1000只这种美丽的动物生活在野外。

竹子是大猩猩饮食的重要组成部分，在公园内30%的土地上都有分布

游客在卢旺达火山国家公园可以攀登某些死火山

有些人认为是戴安·福西把山地大猩猩从灭绝的边缘拯救了回来

科学聚焦

戴安·福西是一位灵长目动物学家，她的大部分工作是在卢旺达的火山国家公园中进行的。灵长目动物包括狐猴、猕猴、大猩猩等，而灵长目动物学家就是研究它们的科学家。福西不仅创建了卡里索克研究中心来研究大猩猩，还在大猩猩如何互动、吃什么、在哪里居住等问题上为我们贡献了目前所知的大部分知识。许多人把山地大猩猩的存续归功于她在保护这些动物方面做出的不懈努力。

加比说

对非洲野犬这样的濒危物种来说，监测它们的种群规模十分重要。为了实现这一点，我们会给它们戴上跟踪项圈，否则寻找它们可能会有难度。作为一名兽医，我会应邀去给它们实施麻醉，进行健康检查，然后给它们戴上项圈，再把它们放归野外。我们希望通过了解野犬的活动，扭转其数量日渐减少的趋势。

非洲野犬

➕ "病人"档案

这种有着一身花斑的"大狗"有好几个名字，如三色豺、非洲猎犬。它们曾经遍布整个非洲大陆，可现在的活动范围就比较有限了。

♥ 栖息地和家庭构成

非洲野犬大多生活在非洲的热带稀树草原上，人们也在非洲的森林里发现过少量的非洲野犬。这种犬科动物有时会在其他动物弃用的地洞里睡觉。和许多种类的犬科动物一样，非洲野犬也会成群结队地游荡。非洲野犬具有高度的社会性，族群中的成员之间会互相帮助，例如，年长的非洲野犬会把食物让给年幼的非洲野犬先吃。

🍽 食性

和所有的犬科动物一样，非洲野犬是肉食性动物，猎物包括羚羊、野牛等。在缺乏大型猎物的时候，它们也会捕食鸟类和啮齿动物。

〰 威胁

天敌：狮子、土狼等
人为因素：栖息地丧失、猎杀、疾病（有些疾病是被人类养的狗传染的）等

🔍 体检时间

瘦长有力的腿： 非洲野犬的腿比很多宠物狗的腿长，腿上的肌肉也更发达，因此它们个个是奔跑健将。非洲野犬喜欢对猎物穷追不舍，直到对方跑不动时再发动攻击。

自动削尖的牙： 非洲野犬的牙齿天生就是用来狩猎的。它们的某些牙齿特别尖锐，适合削肉。在咬合过程中，这几颗牙受到摩擦，还能"自动"削尖。

可控的消化系统： 大多数动物不能控制呕吐，可非洲野犬是个例外。成年非洲野犬可以主动把自己吃下的食物吐出来，然后喂给宝宝吃。

狮子

➕ "病人"档案

威严的狮子素有"草原之王"的美名。大部分狮子生活在非洲的热带稀树草原上。

小知识

狮子和家猫虽然在体形上差异很大，但两者之间确有不少相似之处，例如，狮子和家猫每天的大部分时间是在打盹儿。

❤ 栖息地和家庭构成

狮子通常和它们的猎物生活在同一个区域，如非洲的草原。

狮子是唯一成群出没的大型猫科动物。一个狮群中可能只有几只狮子，也可能有几十只狮子，但一般只有 1～2 只成年雄狮，它们负责守卫领地。狮群中的雌狮会一起捕猎和抚养小狮子。

🍽 食性

狮子是肉食性动物，会捕食很多种动物，如羚羊、斑马、野牛、长颈鹿等。

⚡ 威胁

天敌：成年狮子几乎没有天敌，但它们经常跟同类打架

人为因素：栖息地丧失、偷猎等

🔍 体检时间

飘逸的鬃毛：只有雄狮的脖子周围才有这圈飘逸的颈毛。在所有猫科动物里，狮子是唯一在外形上存在明显两性区别的物种。狮鬃的颜色也是有含义的，一般来说，一头雄狮的鬃毛颜色越深，长得越密，表明这头雄狮越强壮、越健康。

粗糙的舌头：狮子的舌头上那类似倒钩的结构，可以帮助狮子从骨头上刮肉，或者清除松脱的毛发和灰尘。狮子可能只需要用舌头舔几下就能把你的皮肤磨破。

带毛球的尾巴：在所有的大型猫科动物中，只有狮子的尾巴末端有一个毛球。狮子用这个毛球和同类交流。雌狮还会把它当旗帜挥动，示意幼狮跟随。

加比说

和许多动物一样，猫科动物的眼部也有一个名为"照膜"的区域。"照膜"可以反射光线，很多动物的眼睛看起来好像在发光，就是因为它。

野生猫科动物

野生猫科动物体形不一，颜色各异。它们在许多不同的栖息地都有分布。然而，世界各地的野生猫科动物虽然可以适应不同的环境，但也面临着很多问题。

美洲狮
北美洲和南美洲

在北美洲和南美洲的很多地方都可以看到这种猫科动物。美洲狮偶尔会捕食牲畜，因此，它们有可能与人类发生冲突。

苏格兰野猫
欧洲

谁也无法确定苏格兰高地上还有多少苏格兰野猫，但大多数人认为可能不到 100 只。苏格兰野猫面临的最大威胁仍然是来自宠物猫的传染病。

细腰猫
南美洲

这种猫科动物大多生活在南美洲，也有一些生活在美国。和许多猫科动物一样，细腰猫也面临着栖息地丧失的问题。

健康

野生猫科动物与宠物猫之间存在生物学上的亲缘关系，因此，它们跟宠物猫可能会得同样的病。当有机会治疗一只野生猫科动物时，我经常要做的一件事就是为它接种狂犬病、瘟热等疾病的疫苗。

豹猫
亚洲

虽然它的名字叫"豹猫"，但这一物种与豹并没有密切的关系。不过，豹猫因为拥有与豹相似的花纹，所以经常遭到猎杀。

伊比利亚猞猁
欧洲

兔子是伊比利亚猞猁最喜欢的猎物。当欧洲的兔子的数量因为某些原因而减少时，猞猁的数量也会随之减少。虽然伊比利亚猞猁的数量正在回升，但是这种动物仍然濒临灭绝。

孟加拉虎
印度

孟加拉虎是现存的大型猫科动物之一，也是印度的代表动物之一。和许多大型野生猫科动物一样，孟加拉虎也经常被人们猎杀。

⚡ 威胁

几乎所有的野生猫科动物都受到法律的保护。不幸的是，人们仍然会出于种种原因猎杀它们：有的是为了获取它们的皮毛，有的是拿它们的器官当传统药材，还有的是为了阻止它们捕食牲畜。

猎豹

猎豹是陆地上的世界短跑冠军。猎豹在追捕猎物时，甚至可以达到120千米／时的速度。

小猎豹的脖子后面有一团茸毛，它会随着小猎豹长大逐渐消失

♥ 栖息地和家庭构成

猎豹可以在草原、沙漠和干性森林中生活。过去在非洲大陆上，几乎随处可见它们的身影。现在，猎豹生活的区域大大缩减。通常情况下，雌性猎豹每胎会产3～4只小猎豹，猎豹宝宝在能够独立生活前会一直待在妈妈身边。猎豹妈妈平时把它们藏在茂密的草丛里，有时会发出唧唧声来呼唤它们。成年雄性猎豹则成群结队地活动。

🍴 食性

猎豹是肉食性动物。尽管猎豹经常奔跑，但通常情况下，它们每隔三到四天喝一次水就可以，因为它们可以从猎物身上获取大部分需要的水。

⚡ 威胁

天敌：狮子、豹等

人为因素：栖息地丧失、猎杀等

🔍 体检时间

平衡杆尾巴：猎豹的长尾巴有一个重要的用途，那就是帮助猎豹在高速前进时保持平衡。猎豹甚至可以在半空中转向。

防滑的爪子：与大多数猫科动物的爪子不同，猎豹的指甲不能完全缩进脚掌里。这种爪子就像带钉子的足球鞋一样，有助于快速起步，并且在奔跑时牢牢抓地。

流线型的身材：猎豹从头到脚都是为"速度"而生的——流线型的身材非常有利于奔跑，就连头盖骨也比大多数猫科动物的要扁。

超群的视力：猎豹的视力极好，哪怕是猎物的一些细微动作也逃不过猎豹的眼睛。

加比说

你可能听到过这样的说法：猎豹跑得太快，有时会因体温过高（发烧）而停下来休息。其实并不是这样。猎豹的正常体温大约是38.8℃，在奔跑之后，它们的体温会上升到39.4℃。对人类来说高到发烧的体温，对猎豹来说是完全正常的。

小知识

人们曾经看见过这些"小不点"甲虫推着比自身重 50 多倍的粪球上坡。

加比说

许多生物在保持环境健康方面发挥着重要作用，蜣螂是我最喜欢用来说明这一点的一个例子。分解粪便可以防止苍蝇数量过多，也有助于让粪便中的种子进入土壤。如果没有像蜣螂这样的动物，生态会很快失去平衡。

蜣螂

➕ "病人" 档案

在非洲生活着许多大型动物，它们会留下许多粪便，这些粪便可是某些甲虫的食物来源。虽然听起来有点儿恶心，但这些昆虫其实肩负着一项重要的任务：分解废物，保持环境清洁。

🔍 体检时间

特殊的腿： 和所有昆虫一样，蜣螂有 6 条腿。雄性蜣螂的前腿上有能帮助它们抓地的特殊钩子，后腿则相对细长，可以让蜣螂一边埋头倒行，一边推着粪球滚动。

扁平的头： 蜣螂的头又宽又扁，有点儿像铲子。雄虫可以用"铲子头"在地上挖一个洞，供雌虫产卵。

两对翅膀： 包括蜣螂在内，很多甲虫都有两对翅膀，一对翅膀用来飞行，另一对翅膀则充当护盾。

❤ 栖息地和家庭构成

夏季，蜣螂活跃在非洲的热带稀树草原上。蜣螂一般不喜欢聚在一起。然而，创造一个完美的粪球需要雄虫和雌虫的共同努力。雄虫收集粪便，把它滚成一个球。粪球准备好后，雄虫会释放一种化学物质来吸引雌虫。接着，雄虫推着粪球走，雌虫则紧紧攀在球上，一起寻找一处质地较软的地方。找到之后，它们会一起把粪球埋进地里。雌虫还会再制造几个粪球，并在每个球里产卵。

🍴 食性

蜣螂宝宝通常吃粪便的固体部分，成虫则食用粪便较"稀"的部分。

⚡ 威胁

天敌： 鸟类、爬行动物、两栖动物、某些哺乳动物

人为因素： 一些体形大的动物由于人类的猎杀和栖息地的丧失而数量减少，它们留下的可供蜣螂食用的粪便就会变少，蜣螂的生存因此受到威胁

黑猩猩

➕ "病人"档案

从科学角度来说，黑猩猩是和人类亲缘关系最近的动物之一。在我和黑猩猩相处过不少时间后，我可以负责任地说，它们的行为和我们的如出一辙。

♥ 栖息地和家庭构成

黑猩猩生活在非洲的热带森林里。成年雄性、成年雌性和小黑猩猩会一起生活。经常有黑猩猩成群结队地加入或离开某个集体的情况。一个黑猩猩群中可能有 20 多名成员。雌性黑猩猩通常一胎只产一个宝宝，并且会长时间地悉心照料它。有时，宝宝的其他"亲戚"也会伸出援手，一起照顾宝宝。

🍴 食性

黑猩猩是杂食性动物，也就是说，它们既吃植物，也吃动物。

⚡ 威胁

天敌：豹等掠食者

人为因素：栖息地丧失、偷猎等

🔍 体检时间

对生的拇指：所有灵长目动物（包括人类）都有对生的拇指，黑猩猩也不例外，这使它们能握住、打开东西，甚至能使用工具，从而更好地收集食物或完成任务。

大容量的大脑：相对于它们的体形来说，黑猩猩的大脑算是很大的。因此，黑猩猩是一种很聪明的动物。

适于行走的腕关节和指关节：虽然在短时间内，黑猩猩可以用两条腿行走，但大多数情况下，它们是手脚并用地行走，也就是说，它们走路要用到腕关节和指关节。黑猩猩的腕关节不像人类的那么灵活，但是比人类的更结实，更适于行走。

加比说

社会纽带不仅对人类很重要，对黑猩猩也一样。在建立社会纽带方面，黑猩猩与人类有很多相似之处。你可以通过跟朋友出去玩儿来巩固友谊，黑猩猩之间也会通过在一起玩耍建立更亲密的关系。

与黑猩猩一起"工作"

黑猩猩和人类一样，有时也会争吵或打架。有一次，黑猩猩"兰博"和另一只黑猩猩打了一架，结果兰博脸部受了伤，而且伤口感染了。我不得不先用麻醉剂让它睡着，然后再处理伤口。

趁它睡着，我还给它做了全面体检。

照片里的我戴着口罩，这既是为了保护兰博，也是为了保护我自己。黑猩猩有可能跟人类患上相同的疾病。

幸运的是，后来兰博一切都好。它脸上的伤口愈合得很快。我很高兴认识它，并与它"合作"。

我们刚给兰博做完手术

珍·古道尔博士把人生中至少 55 年的时光都花在了研究野生黑猩猩上。她的大部分工作是在坦桑尼亚的贡贝溪国家公园完成的。通过与栖息在那里的黑猩猩一起生活，她发现黑猩猩能使用工具，还发现它们的行为比人们想象的更像人类。她的研究成果彻底改变了人们对黑猩猩的看法，也改变了人们对大自然和野生动物的看法。她的珍·古道尔研究会致力于探索人类改善环境的可行方式，她本人也一直在唤醒自然意识方面积极地教育世人和以身作则。下面是我在去乌干达之前收到的古道尔博士发来的电子邮件。

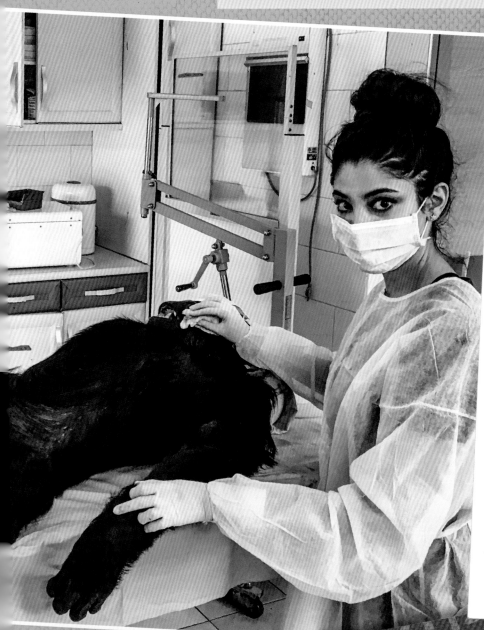

发件人：珍·古道尔

收件人：加比·怀尔德

亲爱的加比：

我刚刚去了恩甘巴岛一趟。我觉得你肯定会喜欢那里的。

当年我在恩德培动物园看见黑猩猩孤儿时的景象依然历历在目。现在，那里已经变成野生动物教育保护中心了，我希望你也去看一看。

那大概是 1987 年，黑猩猩宝宝都被关在养鸡的铁丝笼里，条件恶劣，生活单调，没有一个人懂它们。

少数成年黑猩猩住在结实的笼子里，但生活条件同样恶劣。

为了改变这一切，珍·古道尔研究会做了不少工作。

我们从伦敦动物园找来了一名自愿帮忙的饲养员。她的双亲为她提供了路费，还给她买了一辆二手车。这名饲养员就是琳达·罗滕。后来她不但成了珍·古道尔研究会乌干达分会的行政主管，还建立了恩甘巴岛黑猩猩保护区。

幸运的是，后来政府接管了恩甘巴岛保护区。我们当时还要管理另外几个保护区，这样一来，工作能轻松一些。

你肯定会喜欢莉莉的。她是恩甘巴岛黑猩猩保护区的负责人，也是和我亲密合作的伙伴。

祝你好运！

你喜爱的珍

为了防止虫子钻进鼻子和耳朵，穿山甲在吃扭来扭去的虫子时，会把自己的鼻子和耳朵"闭"上。

加比说

穿山甲是世界上被贩卖数量最多的动物之一。有些人认为穿山甲的鳞片具有药用价值，因此这种动物经常遭到偷猎。幸运的是，许多国家的人正在努力阻止这种偷猎行为，从而帮助恢复野生穿山甲的数量。

穿山甲

➕ "病人"档案

一听到"鳞"这个字，你大概会想到鱼或爬行动物。哺乳动物中也有身披鳞甲的成员，那就是穿山甲。

♥ 栖息地和家庭构成

不同种类的穿山甲生活的地方也不同，有些住在树洞里，有些住在挖掘出的地道里。穿山甲喜欢独来独往，只在交配时聚在一起。穿山甲宝宝刚出生时，鳞片非常软，但是在随后的几年里，它们的鳞片会随着身体的长大逐渐变硬。穿山甲宝宝会骑在妈妈的背上生活一个月左右的时间，然后在大约三个月大时离开洞穴。

🍽 食性

穿山甲没有牙齿，因此它们很适合吃昆虫。它们特别擅长抓蚂蚁和白蚁。它们的唾液有黏性，能使昆虫粘在它们长长的舌头上。

⚡ 威胁

天敌：豹、土狼、大型蛇类等
人为因素：偷猎、栖息地丧失等

🔍 体检时间

鳞甲：穿山甲的鳞片含有角蛋白（你的指甲和头发也含有这种物质）。穿山甲受到威胁时会蜷成一个球，用鳞片组成的铠甲来保护柔软的腹部。有人说，这时的穿山甲看起来就像一颗松果。

长舌：穿山甲的舌头特别细长，很适合把蚂蚁和白蚁从蚁穴和蚁丘里"捞"出来。

卷尾：很多生活在树上的穿山甲拥有能卷曲的尾巴。它们像猴子一样，也能用尾巴把自己吊在树上。穿山甲还会用尾巴把树皮从树上敲掉，露出里面美味的昆虫。

利爪：穿山甲拥有长长的爪子，可以轻松挖土，掀掉树皮，从而获得美味的昆虫。

狗狗神探

我在非洲除了给野生动物看病，还会跟一个致力于拯救野生动物的组织合作。

保育犬联盟是一个总部设在乌干达恩德培市的组织，其中包括许多嗅探犬。保育犬联盟与乌干达野生动物管理局合作，保护野生动物，监察非法贸易。保育犬联盟的嗅探犬会搜索各种非法动物制品，其中的原材料包括犀牛角、象牙、穿山甲鳞片、羚羊角、蛇皮、鳄鱼皮、河马牙等。

这些狗狗是我们的超级"侦探"。它们用惊人的嗅觉追踪偷猎者，以及可能会被猎杀的野生动物。所有进口和出口的产品，以及旅行者的行李箱，都要经过它们的"嗅探检查"。我作为兽医，会帮这个组织照顾狗狗，也会为狗狗的训导员提供照料动物方面的培训。有时我不在当地，训导员在遇到与狗狗健康有关的问题时还会通过"视频对话"向我咨询。我很乐意尽我所能去帮助这些狗狗"侦探"，使它们能继续执行重要任务。

保育犬联盟向非洲各地的机场和海港派遣嗅探犬

没有人比训导员更懂狗狗的想法。嗅探犬和训导员之间真的可以用"心有灵犀"来形容

有些品种的狗甚至能闻到几个星期前动物或人类留下的气味

为什么要用嗅探犬？

狗的鼻子比人的鼻子灵敏得多。狗的鼻腔里有几亿个嗅觉感受器，而我们人类只有几百万个。对比人脑中负责嗅觉的区域在整个人脑中的占比，狗脑中负责嗅觉的区域相对更大。

亚洲

从高山到沙漠，亚洲拥有多样的生物栖息地，那里生活着许多令人着迷的动物，如**小熊猫、跳鼠、蝮蛇……**

我从小就喜爱大象，16 岁时终于在野生环境中见到了它们。**我第一次去泰国**就是为了多学习关于大象的知识。我从那个时候开始了解如何与大象共处，甚至开始接触专门针对大象的医学。

天下闻名

地球上最大的两栖动物：
大鲵

许多人眼中真正的野马：
普氏野马

地球上最小的熊：
马来熊

加比说

　　小熊猫爱吃甜食。小熊猫的舌头和人类的舌头相似，上面分布着很多味蕾。科学家发现，小熊猫可以通过味蕾尝出阿斯巴甜（人造甜味剂）的味道。这可真是让人意想不到。科学家曾经认为只有灵长类动物才能尝出人造甜味剂的味道。

小熊猫

➕ "病人"档案

小熊猫虽然和家喻户晓的大熊猫一样，名字里都有"熊猫"二字，但它们之间其实没有密切关系。色彩鲜艳的小熊猫主要分布在印度、尼泊尔、不丹、缅甸、中国，与浣熊、臭鼬是生物学上的近亲。

🖤 栖息地和家庭构成

小熊猫一生大部分时间生活在茂密的森林里，而且喜欢睡在树枝上，只在必要的时候才会到地面活动。它们大部分时间单独生活，在交配时节才聚在一起。

小熊猫妈妈一胎产 2～3 个宝宝，小宝宝大约一岁时就可以独自生活了。

🍽 食性

小熊猫和大熊猫都喜欢吃竹笋和竹叶。不过，小熊猫也会吃水果、花、蛋，甚至小鸟。

⚡ 威胁

天敌： 豹等

人为因素： 栖息地丧失、猎杀等

🔍 体检时间

鲜艳的毛色： 很多小熊猫生活在长有大量红色苔藓和灰、白色地衣的地区。红褐色与白色的毛可以帮它们与周围的环境融为一体。

特殊的脚掌： 小熊猫前爪的一部分像拇指一样。虽然这个"拇指"和你的拇指不尽相同，但是功能有点儿像——在小熊猫爬树的时候可以帮助它们紧紧地抓住树。

蓬松的尾巴： 没有毯子？那也没问题。小熊猫有厚厚的毛，这有助于保持身体温暖和干燥。它们还会用大尾巴把自己裹起来保暖。

小知识

圈养的小熊猫是出了名的"逃脱大师"。美国、英国、荷兰的动物园都有它们"越狱"成功的记录。

远东豹

➕ "病人"档案

在所有大型猫科动物里，豹分布的国家最多。远东豹是一种非常稀有的豹。据我们估计，世界范围内，生活在野外的远东豹不足 60 只。

♥ 栖息地和家庭构成

远东豹主要生活在俄罗斯和中国的部分森林中。这些害羞的生物大部分时间独来独往，让人很难对它们有更多的了解。我们认为雄性远东豹可能会参与抚养远东豹宝宝，这在大型猫科动物中是比较罕见的。

🍽 食性

远东豹主要吃鹿、野兔、獾和野猪。它们是有耐心的"猎手"，会悄悄地跟踪、密切地观察猎物，然后在合适的时机发动攻击。

⚡ 威胁

天敌：年幼的豹可能会被狼和虎捕食
人为因素：栖息地丧失、猎杀等

🔍 体检时间

强壮有力的肩：豹的颈部和肩部的肌肉特别强壮，因此豹是攀爬好手。它们甚至会把猎物叼到树上去食用。

黄底黑斑的毛：豹身上独特的斑点被称为"玫瑰斑"。相比其他种类的豹，远东豹的玫瑰斑间距更大、颜色更浅。这身皮毛可以让远东豹更好地融入环境，特别是在光影斑驳的地方。

肌肉发达的腿：豹是跳跃健将，一下能跃6米远，或者跳3米高。

小知识

远东豹爱惜"剩饭"。它们会把自己吃不完的食物藏起来，以防止别的掠食者"占便宜"。

当某种动物的野外存活数量变得像远东豹的野外存活数量一样稀少时，我们就必须格外留意这种动物的健康情况了。

韦卡巴斯国家公园

苏门答腊岛是印度尼西亚西部的一个大岛，岛上的韦卡巴斯国家公园"保护"着当地最具生物多样性的低地。韦卡巴斯国家公园主要由雨林构成，其中包含大象和犀牛保护区。雨林的地面有豺搜寻猎物，树上有合趾猿荡来荡去。这里的许多物种是当地所独有的。

合趾猿巨大的喉囊让它们的叫声可以传到约 3.2 千米远的地方

巨魔芋

🔥 **快知识**

» 苏门答腊岛是世界第六大岛。

» 在大降水量和热带气温的共同作用下，岛上聚集了多样的野生动物，其中包括大象、犀牛和老虎。

🍃 **植物**

苏门答腊岛上有一些奇妙的植物，巨魔芋便是其中之一。这种植物因开花时会释放腐臭的气味而全球闻名。幸好这种情况每隔 2～10 年才发生一次。虽然巨魔芋的气味令人作呕，但是对某些昆虫来说，那气味闻起来就像美餐的气味。

⭐ **保护**

一座岛上的资源是有限的。如果岛上作为某种动物的主食的植物因为疾病而数量锐减，那相应动物的生存也会受到影响。因此，悉心呵护岛上所有的生物是很重要的。

韦卡巴斯国家公园里栖息着 400 多种鸟，这种翠鸟便是其中之一

这个公园为苏门答腊犀等动物提供了庇护所

苏门答腊犀

➕ "病人" 档案

苏门答腊犀是体形最小、体毛最多的一种犀牛，也是最爱叫的犀牛。和世界上许多其他地方的犀牛一样，苏门答腊犀也面临灭绝的危险。野生的苏门答腊犀现在可能不足 100 头。

♥ 栖息地和家庭构成

苏门答腊犀主要生活在苏门答腊岛、婆罗洲的热带雨林中。它们特别擅长划分领地，甚至会把树枝和树干折断或弄弯，以示意其他同类不能靠近。

🍽 食性

苏门答腊犀是植食性动物。和黑犀一样，它们也是"仰食者"，喜欢抬头去吃树叶、嫩枝。如果能找到的话，它们也喜欢吃水果。苏门答腊犀每天会吃下重量相当于自身体重 10% 的食物。

⚡ 威胁

天敌：无

人为因素：偷猎、栖息地丧失等

小知识

苏门答腊犀和已灭绝的披毛犀有亲缘关系。

快脚： 苏门答腊犀的步速比较快（至少以犀牛的标准来看）。它们的脚也非常适合攀登陡峭的山坡。

硬头： 在雨林中穿行对这种犀牛来说不是什么难事。除了有犀角开路，它们的头部还有很硬的肤褶能帮助它们穿过灌木丛。

体毛： 苏门答腊犀的体毛可不是用来保暖的。这些毛沾了泥巴和灰尘后，有助于苏门答腊犀的身体保持凉爽，还能防止被虫子叮咬。

加比说

咀嚼坚硬的树枝有可能使牙齿磨损严重，这让年长的犀牛在咀嚼食物时尤其吃力。因此，我一有机会就会检查犀牛的咬痕，看一看它们牙齿的磨损程度。如果某头犀牛的牙齿受损严重，我们就会改变它的饮食，确保它不会挨饿。

偷拍野生动物

苏门答腊岛上栖息着许多动植物，其中有一些是此地的特有物种。

一段时间过后，我们会观看拍到的视频片段，辨认其中的动物，统计它们的数量。我们试图弄清每个物种有多少个体仍然生活在野外。然后，我们会分享自己的发现，让科学家、兽医和自然资源保护者也能掌握最新情况。

然而，这里的很多物种濒临灭绝。在过去的几十年里，许多物种的数量在急剧下降，而保持种群规模是帮助这些物种恢复元气的关键。我和我的好朋友们正在努力保护岛上的野生动物，具体做法就是在雨林各处安装摄像机，以观察各种动物，从而了解它们的情况。有时，我们甚至还能抓到偷猎者。摄像机被安装在我们知道的野生动物一定会去的地方，如水边。

包裹摄像头的部分是用一些天然材料做成的，这类材料可以被生物降解，不会在自然环境中留下任何痕迹

每次发现摄像机在野生环境下拍摄到动物，我总是兴奋不已

许多动物在天黑后才活动，因此我们使用的摄像机也要具备夜视功能

在动物园工作时，我们通常能够通过训练让猩猩在检查身体时保持不动。不过，在给它们测量血压或做更加彻底的心脏检查前，我就一定会给它们实施麻醉。监测心脏的健康状况是非常重要的，因为猩猩（以及所有类人猿）有可能会得心脏病。

猩猩

➕ "病人"档案

猩猩属的动物主要分布在婆罗洲和苏门答腊岛，它们大部分时间生活在树上。这些长着一身红毛的类人猿温和而聪明，有时也被称为"红毛猩猩"。

🖤 栖息地和家庭构成

猩猩特别适应雨林中的生活。它们会用树叶搭窝。与大猩猩和黑猩猩不同，猩猩属的动物会花很多时间独处。

🍽 食性

猩猩是杂食性动物，既吃植物，也吃其他动物。水果是猩猩特别喜欢的食物，它们喜欢以甜味的水果为食。

⚡ 威胁

天敌：老虎、豹、鳄鱼等
人为因素：栖息地丧失等

🔍 体检时间

大大的脸：一些雄性猩猩的脸颊部位有肉垫。鼓鼓囊囊的肉垫主要由脂肪组成，可以帮助某些成年雄性猩猩彰显身份。

长长的胳膊：猩猩的拥抱是真正的"大拥抱"。一只雄性猩猩的臂展（从一只手的指尖到另一只手的指尖的距离）可达2.3米。这样的跨度使猩猩可以轻松地从一根树枝荡到另一根树枝上。

灵活的臀部：猩猩的臀部比大多数灵长目动物的臀部灵活。

小知识

猩猩特别擅长解决问题。人们已经观察到，猩猩会给自己的窝搭建屋顶，让它在下雨时不被淋湿。

灵长目动物

灵长目动物是哺乳纲的一目，包括猴、猿等。全世界的很多大陆都有野生的灵长目动物。然而，许多灵长目动物属于濒危物种，需要我们特别保护。这里便是其中几种需要保护的动物：

黑掌蜘蛛猴
墨西哥

虽然黑掌蜘蛛猴原来的栖息地已经有很大一部分变成了农田，但这种猴子在树林里荡来荡去的矫健身姿仍然出现在墨西哥南部。

地中海猕猴
直布罗陀

大约250只地中海猕猴栖息在直布罗陀。它们是欧洲仅有的野生猴类。大多数地中海猕猴生活在非洲北部。

山魈
刚果

山魈是世界上体形最大的猴，而且因那"花哨"的大脸全球闻名。

猴和猿经常被混为一谈，它们其实是不同的。猿没有尾巴，倾向于在地面上生活，而且比猴更聪明。

威胁

地球上的许多灵长目动物都面临着同样的威胁：栖息地丧失。人类为了增加农田和居住用地而进行的伐木焚林，正在让动物们的生存空间日渐缩小。这不但迫使灵长目动物背井离乡，也剥夺了它们的食物来源和其他赖以生存的东西。

长鼻猴
婆罗洲

像某些蝴蝶的喙，还有大象的鼻子一样，长鼻猴的鼻子看上去也像一根长长的管子。长鼻猴生活在婆罗洲的雨林里。

狐猴
马达加斯加

世界上的野生狐猴都栖息在非洲的马达加斯加岛。这些灵长目动物的鼻子总是湿湿的，就像狗鼻子一样。

健康

因为猴、猿与人类一样，都是灵长目动物，所以它们有可能与人类患上相同的疾病。只要在野外遇到灵长目动物，我都会想办法给它们注射麻疹、流感等疾病的疫苗。

亚洲象

✚ "病人"档案

乍看起来，亚洲象似乎和非洲象一模一样，可实际上它们大有不同。亚洲象除了个头比非洲象小，还有很多方面不同于非洲象。

小知识

亚洲象虽然生活在热带环境中，但身上却没有汗腺。为了保持凉爽，它们经常要去泥潭或水塘里"泡澡"。

♥ 栖息地和家庭构成

很多亚洲象生活在拥有大片青草的森林里。它们通常组成小群，群成员包括成年雌象和它们的宝宝。

🍴 食性

亚洲象是植食性动物，主要吃草。草中的营养不算丰富，因此亚洲象每天要花大量时间去寻找食物，并且尽量多食。

⚡ 威胁

天敌：成年亚洲象没有天敌，而小象有时会被老虎捕食
人为因素：栖息地丧失、偷猎等

🔍 体检时间

稍小的耳朵：相比非洲象，亚洲象的耳朵更小一点，更圆一点，但是仍然大到可以帮助它们降温。

"独指"的象鼻：和非洲象不同，亚洲象鼻子的末端只有一个"指状突起"。这个长长的鼻子由许多块肌肉组成，很多时候可以举起270千克以上的东西。

真假象牙：只有雄性亚洲象才有真正的象牙。有些雌性亚洲象也有看起来像小号象牙的东西，但那比雄性真正的象牙小很多，也更容易折断。

平平的牙齿：亚洲象会吃大量的草。它们平平的后牙非常适合把草磨成便于消化的小段。

加比说

我接受过关于动物针灸方面的专业培训。对动物进行针灸治疗可以帮助它们缓解疼痛。象是我最早进行针灸治疗的动物。如今，我已经把这种治疗方法应用到各种各样的动物身上了。

小象坤柴

"坤柴"曾经是我的"象娃",而且对我从事兽医这个行业影响很大。我一直热爱野生动物,也热爱科学、自然。这当然很好,因为你必须像喜欢动物一样喜欢科学,才能成为一名合格的兽医。然而,我之所以能成为今天的我,其实要感谢坤柴对我的鼓舞。

16岁那年,我有幸可以去泰国与象一起工作。我从驯象师开始做,想尽可能地了解象的行为。在获准到"象医院"工作之前,我必须"理解"象,知道如何照顾它们,如何与它们打交道。我年复一年地去泰国和象一起工作,终于积累了大量经验,准备好去"象医院"工作了。

当时的我已经21岁,即将大学毕业,就是那时,我遇到了象娃坤柴。它是一头在热带雨林里被人从母亲身边偷走的小象。在泰国,人们经常把象当作农场动物使用。一个农夫认为他可以把小象带回去训练,这比买一头训练有素的成年象便宜多了。然而,他不知道,那头小象其实很需要母亲。它营养不良,病得很重,奄奄一息。终于,农夫意识到小象需要求医了。

他把小象带到了医院。在那里,坤柴度过了一段艰难的时光。它不愿和其他象一起玩,也不愿和人打交道。不过,它倒是对一头年长的雌象产生了感情,而那头象也充当起了"继母"的角色。不幸的是,雨季到来后,那头雌象因为滑倒,死在了泥石流中。坤柴再一次变得孤苦伶仃,整天郁郁寡欢,食欲不振。它的食量很小,它所吃的食物勉强能维持生命,可它明明还在生病。它需要钙,需要奶水。

当我到达医院的时候,这就是坤柴的状况。工作人员觉得坤柴可能会喜欢我,就要我去见一见它。由于坤柴十分可爱,许多游客都喜欢上前亲近,可是它完全无视他们。我研究过象的一些行为,知道它只是想独处一下,于是我在走进它的围栏后,只是静静地坐在那里。即使我要观察它，也只是用眼角的余光偷瞄——我不想让它知道我在关注它。大约 30 分钟后，它走到我面前，用鼻子"敲"我。它意识到我是唯一不过分关注它的人。从那一刻起，我们便形影不离。坤柴成了我的"宝宝"，会跟着我到处跑。村民们干脆管我叫它的"继母"。的确，我甚至不能离它太远，否则它会不高兴。

我每天给它喂五次牛奶，还带它散步三次。每隔三天，我会给它洗一次澡。慢慢地，它好起来了。与此同时，医院的工作人员做了一个决定：由于坤柴已经习惯了和人类相处，回归野外对它来说会有危险，所以最好的方法是让它留在当地的自然保护中心。在那里，它可以过上受保护的"半野生"的生活，而且偶尔还能与人接触。它的工作是"教导"游客，让他们了解亚洲象，以及人类为什么必须保护它们。不得不说，坤柴教会了我很多。

每天上午和下午，坤柴都会和我一同散步

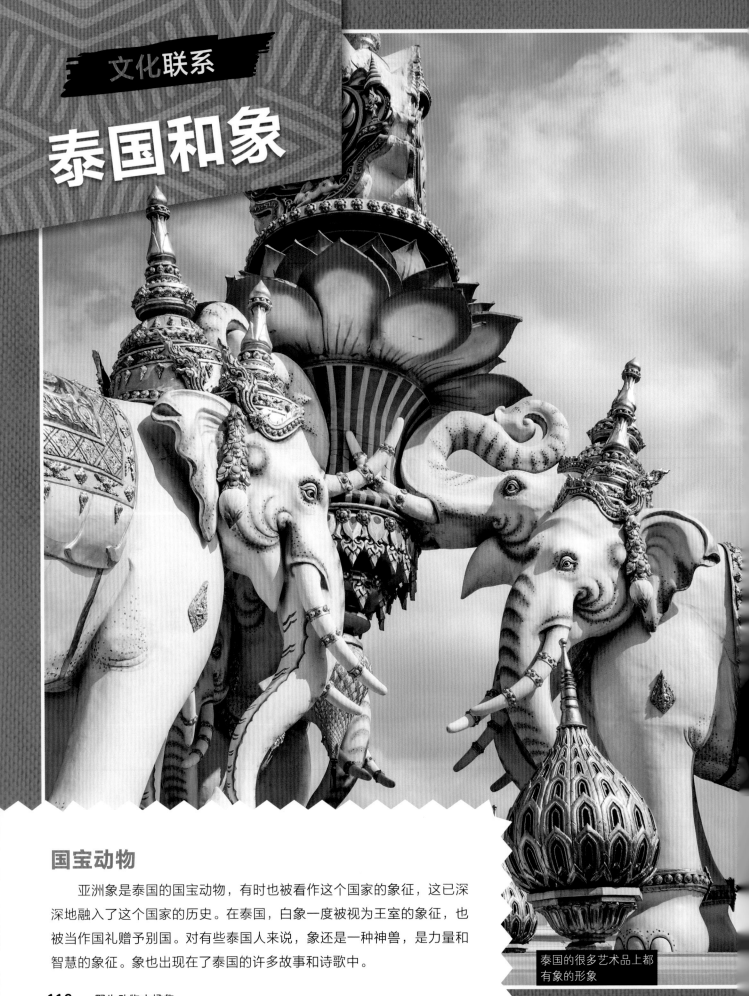

泰国和象

国宝动物

　　亚洲象是泰国的国宝动物，有时也被看作这个国家的象征，这已深深地融入了这个国家的历史。在泰国，白象一度被视为王室的象征，也被当作国礼赠予别国。对有些泰国人来说，象还是一种神兽，是力量和智慧的象征。象也出现在了泰国的许多故事和诗歌中。

泰国的很多艺术品上都有象的形象

象的现状

泰国有捕捉并驯化野生象，将其用于伐木的历史。不过，自从泰国 1989 年禁止采伐天然林之后，象的这个用途就成为"过去式"了。被圈养的象依赖人类的照顾，无法回归野外，于是，一个新的产业应运而生。如今，或许有超过 3000 头象被人工圈养。它们中的许多住在帐篷里，或表演杂耍，或给游客提供骑乘服务。一些组织正在努力为这些象建立庇护所。在那里，象可以无忧无虑地漫步，同时仍然享受人类的照料。可惜，因为通过象牟利的产业获利丰厚，所以很多新生的象宝宝仍然在接受这类娱乐训练。尽管如此，游客还是应该选择把钱花在对象更加友好的正规的保护区上，通过更加亲近自然的观光体验来帮助改变象的未来。

严峻的形势

在许多国家，我们会看到有"野生动物游"的项目。这些项目为游客提供了与野生动物拍照，甚至骑乘野生动物的机会。虽然对想亲近这些动物的人来说，这看起来像是一种很棒的体验，但是这些动物通常被饲养在不太理想的条件下，而且有可能遭受虐待。幸运的是，一些团体正在努力确保它们可以得到友善的对待。

虽然象在泰国的角色发生了变化，但这种动物在泰国人的心目中依然有很重要的位置

寸许多泰国人来说，象非常尊贵

语言

泰语是泰国的官方语言。和某些文字一样，泰文的很多语句虽然在书写形式上相似，但是根据发音的变化，可能会表达不同的含义。

双峰驼

➕ "病人" 档案

在世界上的某些地区，这种骆驼经常扮演着和马相似的角色，是人类的伙伴。

加比说

有一种方法可以判断一头骆驼是不是感到不安。如果你看见骆驼的眼角皱了起来，嘴巴里充满唾液，准备向你吐口水……那你就该逃跑啦！

❤ 栖息地和家庭构成

除了沙漠里有骆驼，一些多石的山区和平原上也有它们的身影。野生骆驼群通常由一头雄性骆驼领导。较大的骆驼群大约有 20 名成员。年轻的雄性骆驼会待在妈妈身边，帮助抚养骆驼宝宝，直到自己 5 岁左右。那时，它们就会自立门户，开创一个新的骆驼群。

🍽 食性

骆驼是植食性动物，主要吃灌木和草。不过，万不得已时，骆驼也能咀嚼多刺、干燥，甚至咸咸的植物。它们还能喝下很多水，短短 13 分钟内就能喝下约 114 升水。

⚡ 威胁

天敌：狼等

人为因素：栖息地丧失、偷猎等

小知识 双峰驼可以喝稍微有点儿咸的水，而这对许多动物来说是无法办到的。

🔍 体检时间

两个驼峰：双峰驼的背上有两个驼峰，这些驼峰里储存着脂肪。当找不到足够的食物时，双峰驼可以从脂肪中获取能量。

长睫毛：沙子对任何动物的眼睛都是有害的。骆驼长长的睫毛可以有效阻止沙粒进入眼睛。

大脚趾：骆驼的脚趾可以分得很"开"，这有助于防止自身陷入软软的土地或沙地中。

臭口水：骆驼受惊或生气时会轻微地呕吐。它们会把胃里一些没消化的食物（会有难闻的气味）返到嘴里，和唾液一起吐在让它们生气的事物上。

蓬蓬毛：沙漠里的冬天有时会特别冷，双峰驼在冬季会长出蓬乱厚实的毛来保暖。

东北虎

✚ "病人"档案

东北虎是目前地球上最大的猫科动物，喜欢冰天雪地的环境。东北虎分布在中国东北部、俄罗斯东部等地区。

♥ 栖息地和家庭构成

和大多数猫科动物一样，东北虎不太喜欢结伴，更喜欢独处。雌性东北虎通常一胎产两个虎宝宝，然后照顾它们两年左右的时间。之后，小虎们就得独自生活了。

🍽 食性

东北虎是凶猛的肉食性动物，每周可以吃 90 多千克食物。它们的猎物通常包括麋鹿、野猪等。不过，人们已经知道，东北虎有时也会对熊或狼下手。捕猎的时候，东北虎会悄无声息地接近猎物，然后在适当的时机突袭。

⚡ 威胁

天敌：无

人为因素：栖息地丧失、猎杀等

🔍 体检时间

条纹：东北虎的条纹可以帮助它们隐藏在高高的草丛和灌木丛里。每只虎脸上的条纹图案都是独一无二的。

脂肪：东北虎不仅有一身皮毛来帮助自己保暖，而且皮下还有一层相当厚的脂肪。这也难怪，东北虎家乡的气温有时会低至 -40℃。

弹跳能力：虎的跳跃能力还是很强的，一跃能有 4.5 米高，这样便有机会逮住树上的猎物。

小知识

东北虎被列为濒危物种。

加比说

兽医不仅会治疗遇到的动物，还会关注它们如何与各自所在的生态系统"相互作用"。最近，科学家在野生远东豹身上发现了一种叫"犬瘟热"的疾病，由于远东豹与东北虎在某些区域共享领地，我们担心远东豹患病后，东北虎也会跟着遭殃。

加比说

大多数以植物为主食的动物有结构复杂的胃和大大的盲肠区，而大熊猫却不是这样。它们和很多熊类一样，有适合消化肉食的消化道。因此，尽管它们喜欢吃竹子，但却不擅长消化竹子。

大熊猫

✚ "病人"档案

大熊猫是世界上最有辨识度的动物之一，这不仅因为它们拥有黑白相间的毛，还因为人们为了保护它们付出了不懈的努力。

♥ 栖息地和家庭构成

野生大熊猫仅生活在中国的少部分地区。通常情况下，成年大熊猫独自生活，还会保护自己的领地免受其他同类的侵扰。大熊猫宝宝出生后会待在妈妈身边，直到妈妈的下一个宝宝出生，或自己两岁大时才会独立生活。

🍽 食性

大熊猫主要吃竹子，偶尔也会吃鱼、小型爬行动物、蛋等。

⚡ 威胁

天敌：成年大熊猫没有天敌，大熊猫宝宝可能会被豺、豹和貂捕食

人为因素：栖息地丧失、偷猎等

🔍 体检时间

强有力的颌：大熊猫的颌部非常有力，有助于将竹子扯断、磨碎。

大大的臼齿：和很多熊一样，大熊猫也有锋利的门牙。大熊猫的臼齿比大多数熊的臼齿大，这样的臼齿有利于大熊猫咀嚼竹子。

6 个脚趾：大熊猫有 6 个脚趾，这有利于它们牢牢地抓住竹竿。

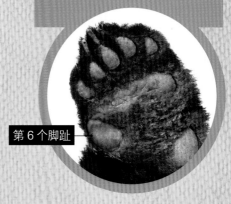

第 6 个脚趾

大洋洲

大洋洲是由澳大利亚、新西兰，以及其他很多岛屿构成的地理区域。这里有许多非同寻常的动物，是开展救援工作的好地方。

和我接触过的其他动物相比，大洋洲的**鹦鹉**、**有袋目动物**，还有**单孔目动物**（如鸭嘴兽）真的很特别。它们的健康问题也跟我平时遇到的**截然不同**。不过没关系，我随时准备迎接新的挑战。

天下闻名

约**140**种
陆栖蛇

这里有世界上
最大的昆虫之一：
巨沙螽。

30多种
海栖蛇

这里有许多
其他大洲没有的
野生动物。

世界上现存的**两类**
卵生哺乳动物：
鸭嘴兽和针鼹

神奇的
有袋类动物

澳大利亚是很多有袋类动物的家园。有袋类动物是一类特殊的哺乳动物。

有袋类动物的体形有大有小。有些有袋类动物可以忍受严寒；有些则适应炎热的沙漠生活。有袋类动物中有地栖、树栖和生活在地下的种类，有些甚至还能生活在水中。

大多数哺乳动物会在妈妈的身体里发育到足够大时才出生，而有袋类动物的宝宝出生时非常小，发育并不完全。

左图中的这个"小不点儿"在出生后会立刻爬进妈妈肚子上特殊的育儿袋里。在温暖而安全的育儿袋里、小宝宝会继续长大，从"袋装宝宝"变成小袋鼠。慢慢地，小袋鼠就可以爬出育儿袋去了解

袋鼠是世界上著名的有袋类动物

外面的世界，只需要在喝奶、休息和取暖时爬回育儿袋。最终，当小袋鼠长出足够的体毛，发育得足够大时，就能在育儿袋之外独立生活了。

袋鼠宝宝刚出生时和一颗糖豆差不多大

袋熊的育儿袋开口朝向腿部，而不是头部

6～7个月大的时候，小树袋熊（考拉）就有能力离开育儿袋了

有一段时间，树袋熊妈妈会用一种特殊的排泄物来喂宝宝。这种排泄物能为树袋熊宝宝带来利于消化食物的菌落。

树袋熊（考拉）

➕ "病人"档案

这些看起来像毛绒玩具的动物长得有点儿像熊，但其实不是熊。
和澳大利亚的许多动物一样，它们也是有袋类动物的一种。

❤ 栖息地和家庭构成

树袋熊生活在有许多桉树的森林里。它们之间经常争斗，尤其是雄性树袋熊之间。雌性树袋熊通常一胎只产一个宝宝。等宝宝可以独立生活时，树袋熊妈妈就会把它赶走。

🍴 食性

桉树的叶子是树袋熊的主要食物。这种树叶的营养并不丰富，因此树袋熊要吃很多，而且需要慢慢消化。树袋熊身体需要的水分，大部分可以从桉树叶里获得，因此树袋熊不需要经常喝水。

⚡ 威胁

天敌：澳洲野犬、蟒、鹰、隼等
人为因素：气候变化、栖息地丧失、与宠物发生冲突等

🔍 体检时间

长短不同、深浅不同的毛：树袋熊背上的毛较长，颜色较深；腹部的毛较短，颜色较浅。深色的长毛可以更多地吸收太阳的热量，还能抵御风雨；浅色的短毛可以反射更多的阳光，让身体保持凉爽。你可能会问，如果树袋熊觉得太热该怎么办呢？答案当然是：让腹部朝上，露出浅色的短毛来"降温"。

神奇的消化系统：桉树叶对大多数动物是有毒的，而树袋熊却可以吃它们。这是因为树袋熊特殊的消化系统可以分解桉树叶的毒素。

自带"坐垫"：树袋熊大部分时间会在树上坐着或睡觉。它们的脊柱下部有由软骨组成的骨垫，这使它们坐着或睡觉时能更舒服。

分工明确的爪子：树袋熊的爪子具有不同的功能——有的用来抓住树枝，有的用来给自己梳洗。

小知识 树袋熊每天睡觉的时间超过 18 个小时（包括打盹儿的时间）。

袋鼠

➕ "病人" 档案

袋鼠是澳大利亚最有代表性的动物之一。

❤ 栖息地和家庭构成

袋鼠在澳大利亚分布广泛，可以说哪里有草和其他植物，哪里就有袋鼠的身影。一个袋鼠群通常包含 10 名以上成员。

🍴 食性

所有袋鼠都是植食性动物，不同种类的袋鼠吃的植物会有差别。有的袋鼠喜爱吃草、灌木，有的袋鼠喜欢吃蘑菇。

⚡ 威胁

天敌：无

人为因素：气候变化、栖息地丧失、汽车造成的威胁等

🔍 体检时间

粗壮有力的尾巴： 袋鼠一边在地面上蹦蹦跳跳地前进，一边用它们的大尾巴保持平衡。当袋鼠以较慢的速度移动时，尾巴还能推着它们腾空。

肌肉发达的腿部： 袋鼠腿部的肌肉很发达。袋鼠的跳跃主要是靠"肌腱"来实现的。肌腱帮助袋鼠在跳跃时弹得更高。

可以"移动"的牙齿： 袋鼠每天要吃很多植物，这会导致牙齿磨损。袋鼠通常用第一对臼齿咀嚼食物，当第一对臼齿磨损严重并脱落后，后面的第二对臼齿能"移动"到第一对臼齿的位置，继续负责咀嚼。

极好的视力： 袋鼠不仅听觉灵敏，视力也很好，可以清楚地观察到周围的情况。

赤袋鼠

灰袋鼠

小知识

袋鼠会通过大口喘气和舔胳膊的方式为自己降温。

加比说

袋鼠有时会在
进食后做出让人摸
不着头脑的事情：
它们会把吃下去的
食物返到嘴里，然后
再马上吞下，而且它们
这么做不是反刍。我们也
不明白它们为什么会这样做。

"先生，您是说'袋鼠'吗？"

在野外救助动物之前，我已经知道自己可能会遇到各种意想不到的事情，结果真就遇到了。

我曾经在一个野生动物诊所当"值班医生"。诊所位于美国纽约州，我的工作就是医治当地的野生动物。

有一天夜里正好轮到我值班，一个男人慌慌张张地给诊所打来电话，说要找野生动物医生。于是，前台把他的来电转接到了我这里。那人非常激动，语速飞快，而且边说边哭。为了让他表述清楚，我只好尽力安慰他。

最后，他总算是说清楚了："医生，我需要帮助。我的袋鼠撞到脑袋了。"我还以为自己听错了，让他重复了一遍。"医生，我的袋鼠要看病！"我清了清嗓子，礼貌地问道："先生,您是说'袋鼠'吗？"没错，他打电话真的是为了帮自己的袋鼠寻找医生。

原来事情是这样的：那个人获准饲养了几只袋鼠，用于教育事业。其中一只小袋鼠跟另一只袋鼠打了一架，结果被对方揍翻在地，撞到了脑袋。

后来，那个人把小袋鼠带到了诊所。给小袋鼠做了检查之后，我对它进行了治疗。只过了一天，它就完全恢复了。

我从来没想过，自己竟然能在一个离澳大利亚很远的野生动物诊所里见到袋鼠。

袋鼠经常在玩耍时"比拳"

不要被袋鼠的外表欺骗了。哪怕像这样的小袋鼠也是在战斗中长大的——先是跟它的妈妈打，然后跟其他的小袋鼠打

鹦鹉

世界上有近 400 种鹦鹉。有的鹦鹉体形较大，如鸮鹦鹉和金刚鹦鹉；有的鹦鹉体形较小，如侏鹦鹉。鹦鹉大多生活在温暖的地方，除了南极洲，其他大洲都有它们的身影。这里介绍的是其中一些濒临灭绝的物种。

厚嘴鹦鹉
墨西哥

厚嘴鹦鹉有时会在墨西哥的悬崖上筑巢。如今，人们正在努力挽救厚嘴鹦鹉，确保它们有充足的食物和筑巢地点。

非洲灰鹦鹉
刚果

偷猎和栖息地丧失是导致野生非洲灰鹦鹉数量快速下降的主要原因。

🩺 生态健康

鹦鹉可能不好相处，它们并不总是"友好待人"，有的时候还会特别吵闹。在忍无可忍的情况下，有些人可能会放走自己的宠物鹦鹉，却不知道这是一种危险的做法。如果被放生的鹦鹉在野外能存活下来，并且繁衍后代，那么这种鹦鹉可能会变成所在地区的入侵物种。入侵物种会侵占本土物种需要的食物和其他资源，进而对当地生态造成破坏。

青蓝金刚鹦鹉
巴西

这种鹦鹉很挑栖息地，它们非常喜欢栖息在棕榈树上。随着人们大面积开发农业用地，许多青蓝金刚鹦鹉失去了家园。曾经有一段时间，在野外存活的青蓝金刚鹦鹉只剩下几十只。现在得益于野保工作者的努力，它们的数量已经有所恢复。

⚡ 威胁

鹦鹉是一类色彩鲜艳、聪明伶俐的鸟。许多鹦鹉能模仿声音，包括人类的声音。这些特质让它们成了受欢迎的宠物。但是，将鹦鹉非法带离它们的栖息地，会对物种本身和它们所在的生态系统造成伤害。

鹦鹉在自己的栖息地中扮演着重要的角色，这是因为它们有两个特点：会吃种子，还会飞。种子难以被消化，经常会完好无损地经过鹦鹉的消化系统，最后随着粪便被排出体外。因此，鹦鹉每次排便都可以说是在为植物播撒种子。通过这种方式，鹦鹉可以让自己所在的森林长期"保持健康"。

花头鹦鹉
泰国

花头鹦鹉曾经是欧洲人最喜爱的宠物之一，因喜欢大群聚在一起"闹腾"而闻名。

橙腹鹦鹉
澳大利亚

橙腹鹦鹉是少数会迁徙的鹦鹉之一。澳大利亚的动物园尝试培育这种鹦鹉，然后将其放归野外，从而增加其种群的数量。

鸮鹦鹉虽然不会飞，但很会攀爬。它们可以爬到树顶上，然后纵身一跃，把自己的小翅膀当成降落伞，安全地落到地面上。

加比说

鸮鹦鹉是我最喜欢的鸟类之一，但它们可不是容易"伺候"的鸟类。它们对"住院"非常敏感，经常会因压力大而食欲不振。因此，兽医需要用管子给它们补充额外的食物，确保它们能获得足够的营养。这种额外的喂食可能需要持续几个星期。

鸮鹦鹉

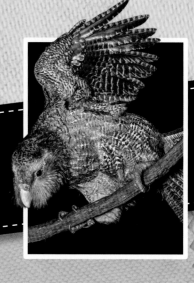

➕ "病人"档案

鸮鹦鹉在所有鹦鹉中算是体重很重的一种。这些圆滚滚的大鸟生活在新西兰。在栖息地丧失和新天敌（欧洲人带来的猫、鼠和其他动物）的共同"威胁"下，它们曾经差一点儿就灭绝了。如今，得益于人们的辛勤付出和通力协作，鸮鹦鹉的数量正在逐渐恢复。

♥ 栖息地和家庭构成

鸮鹦鹉喜欢在海岸附近的树林、灌木丛中生活。它们十分好斗，会攻击遇到的其他鹦鹉。在交配季节，雄性鸮鹦鹉会聚集在一个"竞偶场"里，争相在雌性鸮鹦鹉面前进行表演。每只雄鸟会在泥土中挖一个浅洞，然后发出响亮的鸣叫。雌鸟会挑选自己最喜欢的雄鸟进行交配，然后在这只雄鸟挖的浅洞里产 1～2 枚卵。鸮鹦鹉宝宝一般会在妈妈身边生活到 6 个月大，然后才会离开妈妈独立生活。

🍴 食性

鸮鹦鹉是植食性的，以当地植物的果实、花粉等为食。鸮鹦鹉不会飞，不用像其他鸟类那样消耗许多能量，因此它们不需要吃很多东西。

⚡ 威胁

天敌：猫、鼠、貂、鼬等

人为因素：栖息地丧失、人类饲养的捕食鸮鹦鹉的宠物等

🔍 体检时间

圆润的翅膀：鸮鹦鹉不会飞，因此它们的翅膀看起来跟其他鹦鹉的稍有不同——鸮鹦鹉的翅膀更小，也更圆。

小号的胸肌：大多数鸟类都有强壮的胸肌来帮助它们进行快速飞行或长途飞行。鸮鹦鹉也有这些肌肉，可是由于它们很多时候是在步行，所以鸮鹦鹉的胸肌要比其他鸟类的小得多。

俏皮的脸毛：鸮鹦鹉的喙周围有一些特殊的羽毛，这些羽毛相当于某些动物的胡须，可以帮助鸮鹦鹉在黑暗中找到路。

最早的新西兰人

毛利人会跳一种叫
"波伊舞"的舞蹈

毛利人和鸮鹦鹉

　　毛利人是新西兰的原住民。鸮鹦鹉对新西兰的毛利人来说具有特殊的意义。过去，鸮鹦鹉的羽毛只能被部落中地位较高的人使用。毛利人还会把这些鸟儿当作宠物饲养。

毛利妇女在跳舞

毛利人的艺术

　　雕刻是毛利人擅长的一项传统工艺。艺术家通过制作精致的面具来表达对过去的敬意。那些看起来像线条的东西仿佛在讲述着许多故事。

　　毛利人的另一项传统是哈卡舞，或者说是某种仪式性舞蹈。这种舞蹈有时会被用于迎宾之类的特殊场合。

毛利人用手编的方式制作各种各样的物件，如篮子和衣服

螺旋、圆圈是毛利雕刻中常见的形状

有些毛利人直到现在还喜欢文身

语言

　　很多年前，毛利人的母语——毛利语只有语音，没有文字。直到大约 19 世纪，这种语言才以书面形式被记录下来。

　　使用毛利语的人的数量正在减少。现在，很多毛利人只会讲英语。

章鱼

➕ "病人"档案

人们经常问我，我治疗过的最古怪的动物是什么。如果非要给出一个答案的话，我想章鱼应该算是最奇怪的动物之一吧。章鱼、螺和蚌同属于软体动物，但章鱼比它们有趣得多。

❤ 栖息地和家庭构成

章鱼大多在珊瑚礁或海床附近建造巢穴。通常，章鱼喜欢独来独往。雌性章鱼会找一处隐蔽的地方产卵，然后守护着卵，保障卵的洁净和安全，直到卵成功孵化为止。

🍽 食性

章鱼喜欢吃虾、蟹、贝类等。如果能够逮到鱼，它们也会吃鱼。

⚡ 威胁

天敌： 大型鱼类、海豹、鲸等

人为因素： 栖息地丧失、过度捕捞、污染等

🔍 体检时间

强力吸盘： 章鱼的 8 条腕上都有可以吸附和抓取东西的吸盘。某些种类的章鱼的吸盘甚至能抓取十几千克重的东西。

"虹吸"引擎： 章鱼能用一根叫"虹吸管"的肌肉管来喷水，以推动自己逃离掠食者。

强大的口： 不要小瞧这种软体动物，章鱼其实拥有很强的进食能力。章鱼的口由齿舌、牙齿等好几个部分组成，每个部分分工不同，可以协力把猎物吃掉。

3 个心脏： 章鱼有 3 个心脏，其中 2 个心脏向章鱼的鳃输送血液，另外 1 个心脏则向章鱼的其他部位输送血液。

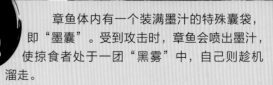

小知识

章鱼体内有一个装满墨汁的特殊囊袋，即"墨囊"。受到攻击时，章鱼会喷出墨汁，使掠食者处于一团"黑雾"中，自己则趁机溜走。

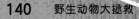

加比说

怎么判断章鱼有没有生病呢？它既不会流鼻涕，也不会发烧。通常，动物感到不适的第一个迹象是停止某种正常行为。我在治疗一只雌性章鱼时，之所以知道它生病了，是因为它本该处于产卵阶段，却停止产卵了。可见，好的兽医必须像侦探一样，要留意各种"蛛丝马迹"。

大堡礁

虽然我主要救治陆生动物，但有时也会帮助海洋动物。这些动物中的许多都生活在珊瑚礁上或珊瑚礁附近。

大堡礁是世界上最大的珊瑚礁群，长2000多千米，是很多生物共同的家园。

大堡礁

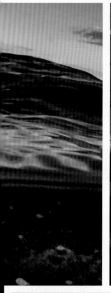

珊瑚礁附近有许多不同种类的生物，如图中的宝石大眼鲷

🌿 **快知识**

» 有些科学家认为大堡礁是地球上最大的生物体。

» 有6种海龟生活在大堡礁附近。

» 大堡礁周围有多种海洋哺乳动物，如鲸、儒艮。

🍃 **植物**

珊瑚虽然看起来像植物，但其实是动物。珊瑚还与生活在其内细胞层的海藻之间有着一种特殊关系——互利共生。海藻通过光合作用为珊瑚提供需要的氧气和大部分能量，同时加快珊瑚骨骼的建造；而珊瑚则为海藻提供了舒适的栖息地。

海水温度过高会导致珊瑚白化

科学聚焦

许多动物园都有水族馆，水族馆里通常会有供游客观赏的小型珊瑚礁。作为一名兽医，我的其中一项工作就是确保水箱里的动物是健康的。首先，我会检测水箱中的水，确保里面有足够的氧气。我还会检查水中有没有病菌。如果有病菌，某些情况下，我会把药直接放进水里，这样就能消灭病菌，避免动物染病。

小丑鱼和海葵是两种相互依存的生物

紫晶蟒

✚ "病人"档案

紫晶蟒可以长到 7 米以上，是世界上最长的蛇之一。这种爬行动物在自己所在的生态系统中发挥着重要作用，因为它们可以控制当地啮齿动物的数量。

加比说

这些蛇有时会遇到一些意外。例如，我曾经遇到过一条紫晶蟒吞下了一个毛绒玩具。我们只能通过手术把毛绒玩具取出来。

❤ 栖息地和家庭构成

紫晶蟒喜欢潮湿的环境。它们在澳大利亚北岸温暖多雨的森林里有分布。紫晶蟒不是群居动物，紫晶蟒妈妈会不遗余力地保护自己产下的蛋。

🍽 食性

这种爬行动物可不是吃"素"的。紫晶蟒会吃许多动物，包括鸟类和某些小型哺乳动物。

⚡ 威胁

天敌：某些猛禽、更大的蛇等

人为因素：栖息地丧失、汽车造成的威胁等

🔍 体检时间

细长而有力的身体： 这种蟒虽比其他很多蟒"苗条"，但很强壮。

大脑袋： 和所有蟒一样，紫晶蟒会把猎物整个吞下。紫晶蟒的头特别大，它们捕食的猎物也比其他很多蟒捕食的猎物大得多。

护眼膜： 紫晶蟒没有眼睑，每只眼睛都被一种透明的薄膜保护着。

小知识

有些蟒很好相处，紫晶蟒却不然。它们难"伺候"是出了名的。紫晶蟒虽然一般不会攻击饲养者，但是会发出嘶嘶的声音吓唬人，或者见人就躲。

有惊无险的
遇蛇事件

忍受我的尖叫声。镇定下来后，我给小兔子好好治疗了一番。它的一条腿骨折了。经过悉心照料后，它恢复得很好。不过，那时它已经被转移到了医院的另一个区域，这是为了避免它被一条可能会把它当"点心"吃掉的蛇吓呆。

故事还没讲完呢。兔子到达的那天晚上，贝蒂的

> 首先我得坦白一下：我本人其实很怕蛇。不过，我可不会因为这个而不给它们治疗，或者不喜欢它们。

有一次，一只小兔子被汽车撞伤后，被人送到了诊所。一见到它，我就知道必须把它送到我们的"异宠病房"里，那里是千奇百怪的动物过夜、接受观察的地方。

当我匆匆跑去打开橱柜、拿医疗用品的时候，突然低头看到有两只小眼睛正盯着我……我当场就发出了尖叫。我完全没有料到，异宠病房里的一名"病患"竟然是一条约6米长的蟒。

幸好那条叫"贝蒂"的蟒被关在一个额外给它供氧的特制笼子里。反倒是可怜的贝蒂和小兔子得

蛇在某些生态系统中扮演着极其重要的角色

情况不太好，幸亏当时我在诊所值班。我在确保小兔子没事后，鼓起勇气，查看了贝蒂的情况。贝蒂的呼吸不太正常，而且它看起来好像在流鼻涕。我发现它的这些症状越来越重，于是迅速联系了照顾它的兽医。最后，我们决定给贝蒂加药。果然，它好起来了。

科学家认为，某些蛇那窄缝一样的瞳孔，可以帮它们在昏暗的环境中看清猎物

专家认为，蛇能游泳，有可能是因为它们细长的身体可以在水里均匀地分散自身的重量

鸭嘴兽

➕ "病人" 档案

鸭嘴兽是一种奇特的动物，有着像鸭嘴的喙和带蹼的脚。它们是哺乳动物，但又是卵生的。

鸭嘴兽没有牙齿。吃东西时，它们会含住一些小石子，帮助自己磨碎食物

💟 栖息地和家庭构成

鸭嘴兽主要分布在澳大利亚东海岸，喜欢溪流、湖泊等环境。通常情况下，鸭嘴兽住在洞穴里，喜欢独来独往，交配时会聚到一起。雌性鸭嘴兽一般一次产 2 枚卵。鸭嘴兽出生时很小。它们要喝 3～4 个月的母乳，然后离开洞穴、独立生活。

🍽 食性

鸭嘴兽以鱼、虾、水生昆虫、蜗牛和其他小型无脊椎动物为食。在水里捕捉到猎物后，鸭嘴兽会把食物储存在颊囊里，带回水面后再享用。

⚡ 威胁

天敌： 鳄鱼、蛇，以及隼和猫头鹰之类的猛禽等
人为因素： 栖息地丧失、被用来捕捉其他动物的网和陷阱困住等

加比说

兽医有时需要从动物身上抽取一些血液来进行检测。因此，你可能见过兽医从你宠物的前腿或后腿上抽血。不过，对鸭嘴兽来说，最容易采血的部位是喙的前端。

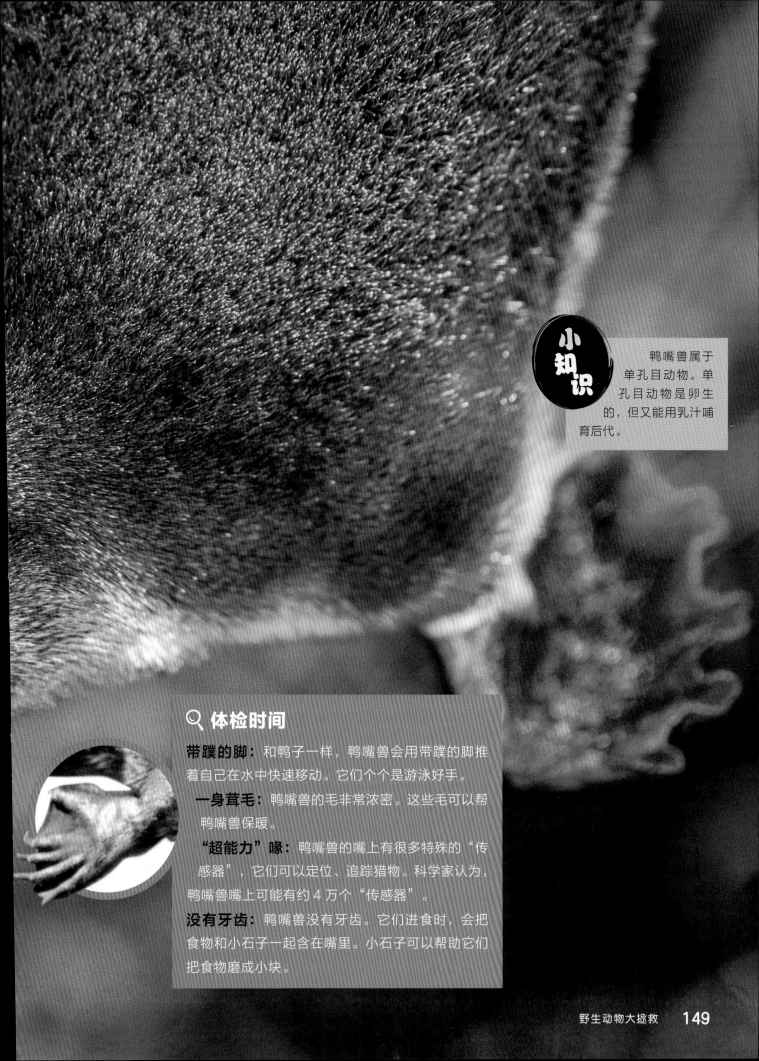

🔍 体检时间

带蹼的脚: 和鸭子一样,鸭嘴兽会用带蹼的脚推着自己在水中快速移动。它们个个是游泳好手。

一身茸毛: 鸭嘴兽的毛非常浓密。这些毛可以帮鸭嘴兽保暖。

"超能力"喙: 鸭嘴兽的嘴上有很多特殊的"传感器",它们可以定位、追踪猎物。科学家认为,鸭嘴兽嘴上可能有约4万个"传感器"。

没有牙齿: 鸭嘴兽没有牙齿。它们进食时,会把食物和小石子一起含在嘴里。小石子可以帮助它们把食物磨成小块。

北美洲

北美洲是**我的"大本营"**。只要我不在野外救治野生动物，我就会在美国的一家动物诊所里当医生。从加拿大北部冰封的平原，到墨西哥和加勒比群岛的热带森林，北美洲拥有**许多不同**的生态系统。

在美国纽约州，**我学到了大量关于动物医学的知识。**多年来，我每天都会跟动物打交道。

天下闻名

1000 多种鸟

你如果想看**短吻鳄**，大沼泽地国家公园是个好地方。

20 多种毒蛇

夏威夷的动物，**十有八九**是当地独有的。

在这里，你可以看到**全世界最大的鹿科动物：**驼鹿。

白头海雕

✚ "病人"档案

在北美洲大部分地区的天空中，你能看见展翅翱翔的白头海雕。过去，它们在美国几近灭绝。幸运的是，在人们的共同努力下，这种猛禽的数量正在回升。

♥ 栖息地和家庭构成

白头海雕有时会聚在一起筑巢栖息。白头海雕一旦选择了伴侣就会从一而终。

🍴 食性

白头海雕是肉食性动物。它们最爱吃鱼，也会吃其他小动物，如兔子、蜥蜴和比自己小的鸟。白头海雕有时也喜欢"不劳而获"：偷其他动物捕获的猎物。

⚡ 威胁

天敌：成年白头海雕没有天敌，它们的蛋可能会被猫头鹰、浣熊和松鼠偷食

人为因素：栖息地丧失、气候变化、环境污染、猎杀等

🔍 体检时间

视力极好： 当人们说某人有一双鹰眼时，其实是在夸那个人观察能力强。这是一个很好的比喻，因为鹰的视力很好。白头海雕属鹰科，同样拥有极好的视力。

空心骨骼： 大部分会飞的鸟拥有空心的骨头（它们的部分骨头是空心的）。白头海雕个头很大，体重却比较轻，这要归功于它们空心的骨骼。这也是白头海雕擅长在高空翱翔的原因之一。

四趾利爪： 白头海雕拥有 4 个有力的脚趾，它们配合起来可以帮助白头海雕在空中或进食时抓住猎物。

倒钩尖喙： 锋利的倒钩状喙也是白头海雕制服猎物的有效"武器"。

白头海雕得名于它们头部的白色羽毛，不过，小白头海雕头上的羽毛是棕色的，等它们长大后，头上才长出白色的羽毛。

加比说

白头海雕被送到我的诊所就医的一个最常见原因就是和人类发生了冲突。有时，我们可能需要通过移除白头海雕的一只翅膀来保住它的性命。这样的鸟儿康复后不会被放回野外，而是会被安置到一处宽敞且受保护的地方，帮助我们教育人们如何保护环境。

加比说

当人造工程将某个地区分割开来时，这片动物栖息地就会变得"碎片化"，这对猞猁这样的动物来说是个大问题。它们不喜欢暴露在相对空旷的地面，因此可能不会穿过新开垦的农田到另一个区域活动，也就不会去寻找食物或配偶。这可能会导致野生猞猁数量下降。

加拿大 猞猁

➕ "病人"档案

虽然名字叫"加拿大猞猁",但这种动物并不只生活在加拿大,也生活在美国的部分地区。

🔍 体检时间

簇状毛: 猞猁耳朵尖上的毛能帮助猞猁从周围的环境中收集更多的声音,从而更准确地锁定猎物的位置。

修长的后腿: 长长的后腿可以让猞猁跳过厚厚的积雪。

"雪地靴"脚掌: 毛茸茸的粗爪子可以有效防止猞猁陷入雪里。

❤️ 栖息地和家庭构成

这些猫科动物喜欢生活在北美洲寒冷的森林中。虽然有人见过加拿大猞猁妈妈教宝宝捕猎,但它们大部分时候独来独往。加拿大猞猁妈妈每年会产下 1～6 个宝宝。

🍴 食性

加拿大猞猁是肉食性动物,主要捕食白靴兔。不过,它们也会吃其他小动物。

⚡ 威胁

天敌: 成年加拿大猞猁没有天敌;小猞猁可能会被某些猛禽捕食

人为因素: 猎杀、栖息地丧失等

猞猁宝宝

超乖的北美大鲵

在我的诊所里，即使是那些被认为不太漂亮的动物也会得到关爱。就算一只动物没有毛茸茸的外表，也不意味着它缺少可爱的个性，如我的朋友——北美大鲵。

有一次，一个动物园里有 100 多只北美大鲵生病了，我们不得不把诊所里的一整片区域空出来用于照顾它们。

为了给予这些两栖动物最好的照顾，我们严格遵守操作规范。我们不仅要仔细地洗澡，穿上防护服，还要尽力防止动物们压力过大。

麻烦的是，在生病的同时，一些北美大鲵还因为"争地盘"大打出手，失败方往往遍体鳞伤。我们会在它们的皮肤上涂一种凝胶，帮助它们减轻疼痛，促进伤口愈合。

有一次，我们要给北美大鲵打针，帮助伤口加快愈合。大多数北美大鲵慌忙扭动，想要逃跑，只有一只除外。虽然我照顾了很多北美大鲵，但这个小家伙却和我特别要好，它好像知道我在帮助它。要么真的

是这样，要么就是它知道如果自己乖一些，就会得到好吃的。

当它看到我伸手要给它打针时并没有逃跑，更令人惊讶的是，它竟然能忍受打针带来的不适。虽然你能够看出它不喜欢挨针，但它还是会乖乖地、耐心地等着一切结束。我开玩笑说："也许在经历了太多战斗和病痛之后，它认为打针已经不算什么了。"

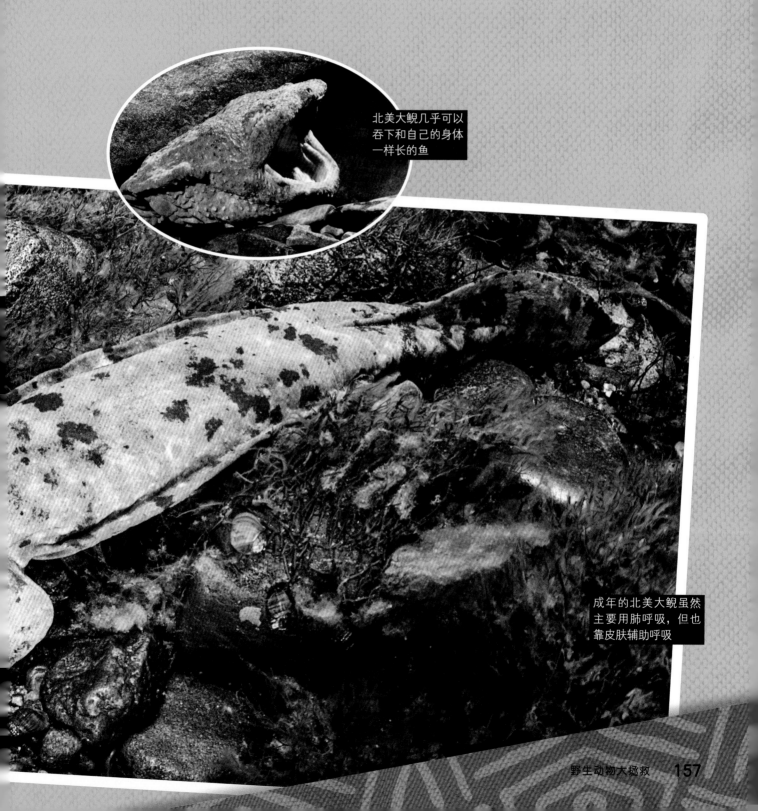

北美大鲵几乎可以吞下和自己的身体一样长的鱼

成年的北美大鲵虽然主要用肺呼吸，但也靠皮肤辅助呼吸

你喜欢小狗吗？现在很多常见的狗其实是狼的"后裔"。在数千年的岁月里，某些野生动物逐渐被人类驯化，再加上人工育种，最终形成我们所见到的一些宠物品种。

加比说

身为一名兽医，我要跟不少动物宝宝打交道。有一次，美国纽约市的某野狼保护中心的朋友让我过去，因为他们那里有 4 窝刚出生的小狼——两窝红狼和两窝墨西哥狼。为了保护狼崽儿，使它们免受疾病的侵害，我要给它们注射疫苗。因为狼所生活的自然环境里充满了可以藏身的地方，所以我必须先来一场"寻崽大作战"。

红狼和墨西哥狼

➕ "病人"档案

在荒野中的千万种声音里，狼嚎是最有辨识度的声音之一。北美洲是许多种狼的家园，其中包括红狼和墨西哥狼。

🔍 体检时间

防水的毛： 狼的毛既能御寒，也能防水。

灵敏的鼻子： 狼的嗅觉特别灵敏，据说比人类的嗅觉强大约 100 倍。

气味腺： 狼经常用留下气味的方式与同类交流。它们尾巴附近的特殊腺体可以释放出气味信息，让狼能识别彼此、标记领地，或者只是告诉同伴：今天别惹我！

红狼

肢体语言： 和人类一样，狼也用肢体语言来表达自己的感受。如果一只狼伸长脖子、立起耳朵和尾巴，那它很可能是对什么东西有了兴趣；如果一只狼垂下头和尾巴，则可能表示它很恐惧或愿意向对方屈服。

墨西哥狼

❤️ 栖息地和家庭构成

大多数狼群中包含 10 ～ 20 名成员。红狼不像很多其他种类的狼那样擅长"社交"，一个红狼群中可能只有 10 名成员。红狼通常每胎产 3 ～ 6 只小狼，小狼会在狼群里生活几年，然后自立门户。

🍽️ 食性

狼是肉食性动物，喜欢猎食鹿、兔子、鱼、鼠，以及其他小动物。

⚡ 威胁

天敌： 成年的狼没有天敌；狼崽儿可能会被猛禽、猞猁等捕食

人为因素： 猎杀、栖息地丧失、疾病（被人类的宠物传染）等

特林吉特人的狼文化

特林吉特人认为自己要么属于乌鸦部落，要么属于狼或鹰的部落

与狼共舞

曾经，狼在今天的美国和加拿大部分地区很常见。许多美洲原住民与这些强大的肉食性动物共享生活区域长达数千年，因此，狼在许多美洲原住民的传统文化中扮演着重要角色。

特林吉特人是美洲的原住民。某些特林吉特人的部落会把狼的形象用于族徽当中。这种动物既是优秀的猎手，又是家庭的守护者，备受特林吉特人的尊敬。

狼是很多地区生态系统的重要组成部分

艺术

特林吉特人常常在艺术品中表达对狼的敬意。特林吉特艺术家有时会利用艺术品来"讲述"某个与狼有关的故事。

狼经常出现在特林吉特人的故事里，许多特林吉特人制作的艺术品上都有狼的形象

与狼有关的雕刻

音乐和鼓是特林吉特人庆典中的要素

语言

目前，把特林吉特语当作日常用语的人越来越少。但正如人们致力于挽救濒临灭绝的动物一样，相关专家也在通过教授特林吉特语来挽救这种语言。

海獭和水獭

➕ **"病人"档案**

北美洲既有水獭，也有海獭。海獭和水獭都是好动、爱玩儿的动物。

💙 **栖息地和家庭构成**

海獭是群居动物，在小海獭还不擅长潜水的时候，海獭妈妈在下水之前，会在海獭宝宝身上缠几根海藻，防止它们漂走。

🍽 **食性**

海獭和北美水獭都是肉食性动物。北美水獭喜欢吃鱼和贻贝，海獭喜欢吃鱼、海胆等海洋动物。海獭非常活跃，需要吃很多东西，一天能吃掉重量相当于自身体重三分之一的食物。

⚡ **威胁**

天敌：虎鲸、大白鲨、鹰、郊狼、熊等

人为因素：栖息地丧失、环境污染、猎杀等

北美水獭

🔍 **体检时间**

神奇的毛：北美水獭虽然没有厚厚的脂肪层，但是有两层毛——一层是柔软的底毛，一层是覆盖底毛的毛。这两层毛可以有效地保暖。

大大的肺：北美水獭和海獭的肺很大，这有助于它们在水下长时间停留。

随身"口袋"：当海獭在水下获得大量食物时，会把部分食物放在前肢下的像口袋的皮囊里，然后带回水面慢慢享用。

了解动物的生活习性，可以帮助兽医找到它们患病的原因，从而更好地医治它们。例如，北美水獭既在水里活动，也在岸上活动，而海獭几乎不离开水。因此，如果一只海獭受伤了，那这次受伤不太可能是在陆地上发生的。

海獭会仰泳，北美水獭则不会。

小知识

鲸

鲸是哺乳动物，海豚、鼠海豚、江豚等都属于鲸目。海豚分布于全球的海洋中，主要集中在热带和暖温带海域，喜吃鱼、乌贼和其他无脊椎动物，少数种类会捕食哺乳动物，包括须鲸和鳍足类。江豚分布在印度洋、太平洋，主要以小鱼、乌贼类和虾类为食。

加湾鼠海豚
加利福尼亚湾

加湾鼠海豚生活在加利福尼亚湾，属于极危物种。

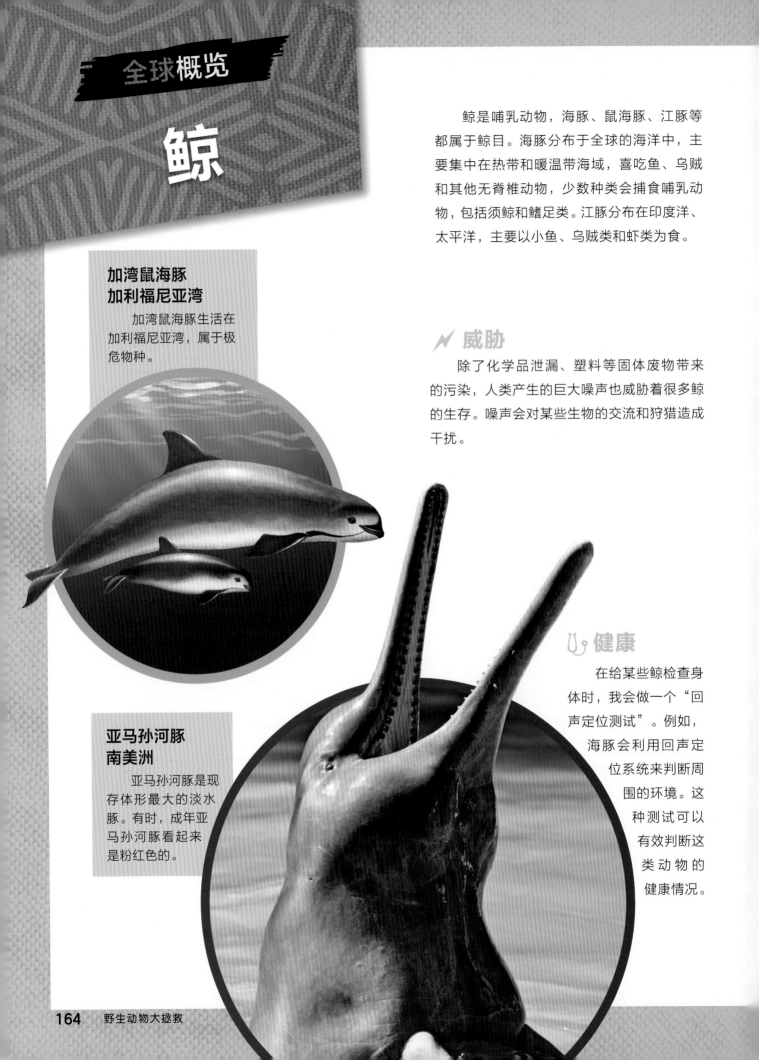

亚马孙河豚
南美洲

亚马孙河豚是现存体形最大的淡水豚。有时，成年亚马孙河豚看起来是粉红色的。

威胁

除了化学品泄漏、塑料等固体废物带来的污染，人类产生的巨大噪声也威胁着很多鲸的生存。噪声会对某些生物的交流和狩猎造成干扰。

健康

在给某些鲸检查身体时，我会做一个"回声定位测试"。例如，海豚会利用回声定位系统来判断周围的环境。这种测试可以有效判断这类动物的健康情况。

白喙斑纹海豚
寒冷的水域

白喙斑纹海豚喜欢冰冷的海水。这些动物"神出鬼没"，我们对它们的了解不是太多。

长江江豚
中国

长江江豚生活在中国的长江里。它们没有背鳍。

赫氏矮海豚
新西兰

赫氏矮海豚是世界上最小的海豚之一，生活在新西兰周边海域。得益于近年来出台的法律，这种海豚被捕获的数量已经有所减少。

希拉毒蜥

➕ "病人" 档案

　　这种色彩艳丽的生物生活在美国西南部和墨西哥北部，是北美洲现存最大的本土蜥蜴。希拉毒蜥的名字来源于人们发现它们的地方——希拉河。

加比说

　　这种蜥蜴主要用毒液来自卫。被它们咬上一口很疼，因此我会想尽办法避免被咬。

🖤 栖息地和家庭构成

在野外很难找到希拉毒蜥，因此我们对它们不是特别了解。不过，我们倒是知道，希拉毒蜥虽然不太喜欢"社交"，但它们有时会共享一处住所，哪怕不是在交配季节。我们还知道，雄性希拉毒蜥在交配季节会变成勇猛的"斗士"——为了争夺最佳的配偶，它们会进行"摔跤"比赛。雌性希拉毒蜥会把产下的蛋埋进较浅的洞中，然后离开，让太阳带来的温度帮助蛋孵化。几个月后，宝宝破壳而出时，会自己挖出一条通往地面的道路。

🍽 食性

希拉毒蜥是肉食性动物，会吃任何能逮到的小动物，包括爬行动物、昆虫、两栖动物和鸟类。它们非常喜欢吃鸟蛋。

⚡ 威胁

天敌：郊狼、隼等

人为因素：栖息地丧失、被人类及人类的宠物杀死等

🔍 体检时间

狠毒的啃咬：希拉毒蜥用啃咬的方式将毒液注入"受害者"体内。它们的毒液来自下颌处的毒腺，通过牙齿的凹槽流出。一旦咬住了东西，希拉毒蜥就不会轻易松口。

粗壮的尾巴：希拉毒蜥的尾巴长这么大是有原因的。它们的尾巴里储存着脂肪，这些脂肪可以让希拉毒蜥坚持几个月不吃东西。

舌头"追踪器"：希拉毒蜥的视力不太好，因此，它们会利用嗅觉和味觉来寻找食物。它们伸出舌头，通过"品尝"空气来感知附近的猎物。

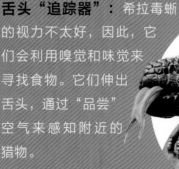

小知识

人们曾经以为希拉毒蜥呼出的气体有毒，现在，我们知道并不是这样的。实际上，这种蜥蜴的毒液所包含的某些化学物质，很可能可以帮助人类抵抗某些疾病。

白鼻浣熊

白鼻浣熊出没于墨西哥和美国西南部的部分地区。这种树栖动物和家猫差不多大，与浣熊的亲缘关系比较近。

♥ 栖息地和家庭构成

白鼻浣熊大多生活在长满树木的地方，如热带雨林。然而，有些白鼻浣熊群体也会在草原或沙漠中安家。雄性白鼻浣熊喜欢独处，雌性则喜欢结伴而行。生宝宝的时候，很多雌性白鼻浣熊会暂时离开群体，直到宝宝长到约6周大时，它们再带着宝宝重新归队。

🍴 食性

白鼻浣熊是杂食性动物，以树叶、昆虫、蜘蛛、水果等为食。如果能逮到的话，它们也会吃其他小动物。

⚡ 威胁

天敌：狗、美洲豹、大型蛇类、猛禽等

人为因素：猎杀、栖息地丧失等

🔍 体检时间

灵活的脚踝：白鼻浣熊有足够灵活的脚踝，因此可以头朝下、尾朝上地从树上走下来。

灵敏的嗅觉：白鼻浣熊利用气味来辨别和维系群体，灵敏的嗅觉使它们能够捕捉到其他白鼻浣熊释放出的气味。

锋利的爪子：白鼻浣熊的爪子既能用来保护自己，也能用来挖出地下的虫子和其他食物。

长长的尾巴：长长的尾巴可以在白鼻浣熊爬树的时候帮助其保持平衡，还可以在白鼻浣熊从一棵树转移到另一棵树的时候充当"旗帜"，示意其他同伴跟随。

如果一群白鼻浣熊察觉到有掠食者正在靠近，就会从树上跑下来，四散而逃。由于白鼻浣熊朝不同的方向跑，所以掠食者有时会因不知道该追哪只才好而无奈地放弃。

加比说

把白鼻浣熊聚集起来很容易。我只需要向空气中喷一点儿它们喜欢的气味（如某种香水的气味），它们就会自己跑过来了。

红海龟

✚ "病人"档案

红海龟是世界上最大的硬壳海龟，生活在世界各地的大部分水域中。

加比说

照顾海龟意味着你可能每天都要面对新的挑战：有时，你要想办法把受伤的海龟送到康复中心；有时，你要决定怎么处理破损的龟壳；有时，你要学习如何布置一个最有利于海龟康复的水族箱。

❤ 栖息地和家庭构成

红海龟有时生活在深水区，有时生活在浅水区。雌性红海龟会在沙滩上的巢穴中产卵。宝宝破壳而出后，会等到气温降下来——这告诉它们已经是晚上了——再爬向海洋。

🍽 食性

红海龟是杂食性动物，会吃海绵、海星、很多动物的卵、某些海洋植物等。

⚡ 威胁

天敌：鲨鱼、海豹、虎鲸等
人为因素：误捕、被海洋垃圾困住、栖息地丧失、误食塑料袋等

小知识

巢穴的温度可以影响新生红海龟的性别。温度较高的情况下，孵出的雌性红海龟宝宝更多；温度较低的情况下，孵出的雄性红海龟宝宝更多。

🔍 体检时间

从不离身的壳： 红海龟不能与它们的壳分开。龟壳可以对红海龟进行很好的保护。

腿肌驱动的肺： 尽管红海龟生活在海洋中，但是它们没有鳃，需要游到水面用肺呼吸。可是坚硬的腹甲导致它们无法通过"伸缩"腹部来辅助呼吸，于是，它们通过摆动腿，用腿部的肌肉拉动肺部肌肉来帮助呼吸。

强大的咬合力： 红海龟下口很狠。它们的食物包括螃蟹、海螺这样的动物，因此它们需要强大的咬合力来咬开这些动物的硬壳。

海岸地貌

海岸地貌形成于陆地与海洋的交接处。这种地貌形式多样，包括岩滩、沙滩、三角洲、入海口、湿地等。生活在这类环境中的动植物必须具备顽强的生命力，因为它们的栖息地经常处在变化之中。

有些海葵在无水的情况下也能存活好几个小时

退潮后，浣熊和其他小动物可以找到大量的贻贝、螃蟹等食物

🍂 **快知识**

» 入海口是江河汇入大海的地方。三角洲是河口地区的冲积平原。入海口的水是"半咸水"，由淡水和咸水混合而成。海獭、水獭、蛤蜊、螃蟹、苍鹭、白鹭等动物会在这样的地方安家。

» 每天涨潮时，海水会漫延到岸边；退潮时，海水会撤到远处，留下一个个小"水池"。这些水池里充满了能够适应多变环境的生命体，如海胆、海星、章鱼等。

鳄鱼等大型爬行动物经常在海岸附近安家

🌿 **植物**

红树林一般是指热带、亚热带海岸处的以红树植物为主体的生物群落。与大多数木本植物不同，红树能够在咸水中生存。红树林是螃蟹、昆虫等许多动物的家园。

⭐ **好消息**

很多有水的地方都有人。作为一名环保主义者，我的其中一项使命就是让人们认识到，自己正在与当地的野生动植物共享土地和水。

人们有时会去海岸观赏野生动物，如海狮。我们常常利用这种绝佳的机会去告诉人们为什么要保护生态系统

在从事兽医工作之余，我还是一名时装模特。在这些照片里，我会"变身"为各种濒危动物。例如，这里的我是一只青蛙

自然资源保护：永不过时的时尚

时尚和自然资源保护往往被人们视为彼此"水火不容"，这不仅是因为人类有为了获取皮毛而杀害动物的历史，还因为生产服装本身会产生许多问题，如要毁林建厂，会造成水污染和空气污染等。人类自己也会因此而遭殃，尤其是那些依赖当地自然资源生存的人。

人人都要穿衣服，人人也都能为解决与之相关的问题贡献自己的力量。我们可以尽量去穿那些对环境无害、对生产者无害、对动物无害的衣服。

我建议大家穿符合"可持续发展"理念的服装。制作这类服装所用的染料通常不会造成水污染或空气污染。生产服装的每个阶段都会考虑与之相关的土地、动物和人，从而制订出最优方案。

作为一名兽医，让我的"病人"过得更好是我的责任。作为一名环保主义者，通过改变自己的穿衣习惯就能让我们的星球变得更加美好，这简直是一件值得无条件支持的好事。

在从事兽医工作的同时，我还会兼职做服装模特。我和世界各地的设计师通力合作，向人们传播"可持续发展"的时尚理念。

有一年，我甚至每个月都要展示一套以"可持续"方式制作的、代表某种濒危动物的服装。事情源于某电视节目中的一项挑战：每名参与比赛的设计师都要用环保材料设计一套能代表一种濒危动物的服装。某些设计真是创意十足：蓝闪蝶连衣裙美得令人目不转睛，鹦鹉连衣裙宛如一道由羽毛组成的彩虹。我最喜欢的是双峰驼服装，那是一套穿起来超级舒服的运动服。

我的模特工作让濒危动物获得了更多关注，也为推动"可持续服装"产业做出了贡献。更妙的是，它还帮我把我最爱的两件事情结合了起来：我把从事这项工作挣来的钱变成了自己基金会的经费。

加比·怀尔德基金会为我在全世界救治动物提供经费，还为一个我非常重视的项目筹集资金——修复苏门答腊热带雨林。多年来，那片雨林逐渐遭到破坏，导致曾经栖息其中的动物流离失所。如今，在韦卡巴斯国家公园和当地政府的助力下，我们正在努力植树还林，希望能恢复昔日生机勃勃的生态系统。

参与自然资源保护的方式有很多，对我来说，担任兽医、服装模特，参与修复栖息地都是我擅长的。当我能够把它们结合起来时，不可思议的事情就会发生。

你想成为兽医吗

很多时候，有动物的地方就有兽医。不同的兽医各有所长，他们可能会选择在不同的地方、为不同的动物服务。

我主要跟野生动物打交道，但也有只跟家养宠物打交道的兽医。有些兽医在草原上的动物园工作，有些兽医仅限于跟生活在海洋中的动物打交道，有些兽医主要负责照顾农场动物，有些兽医只负责鸟类或爬行动物的健康。无论哪一种兽医，都必须具备这样的能力：既能与动物共事，也能与人共事，还要能在承受一定压力的情况下工作。

兽医的工作还不止这些。有些兽医会帮主人寻找走失的宠物，有些兽医致力于研发治疗动物疫病的新药物，还有些兽医专门负责培养下一代兽医。

如果你喜欢……	那你也许能……
跟小猫、小狗、小鸟、兔子、某些爬行动物打交道	成为宠物的医生。这类兽医通常在宠物医院工作
跟农场动物打交道	成为农场动物的医生。这类兽医需要经常到农场，了解农场动物的情况，治疗需要帮助的动物

兽医的工作虽然辛苦，但也乐趣多多。如果你觉得兽医就是你将来想从事的职业，那你现在就可以做下面这些事情了：

大量阅读

你现在能做的一项最好的准备工作就是尽可能多地了解动物。利用图书馆、书店、网站等（在家长允许的情况下），如饥似渴地阅读吧！

学习科学知识

生物学对兽医的工作非常重要。不过，如果你喜欢化学或环境科学，那也是不错的起点。

去动物园或博物馆参观

如果你有机会去动物园或博物馆参观，千万不要错过。不能实地参观？那你也可以在家长的许可下，去网上游览虚拟动物园或博物馆。

亲自带宠物去看病

如果你的宠物狗或宠物猫要去宠物医院看病，那你也一起去吧。这么做可以让你很好地了解兽医给动物检查身体时会做什么。而且，这还是一个请教兽医的好机会。

你想加入我们吗

世界上有将近200个国家。然而，动物并不关心一个国家的边界在哪里，也不关心海洋的某片区域属于哪个国家。生物其实遍布世界各地，或者说，它们的栖息地覆盖全球。

我们能从中得到什么启示呢？拯救动物，人人有责，而且人人都很重要。只要齐心协力，我们可以带来很大的改变。

世界各地的动物及环境保护组织

在家长的帮助下，你可以通过各类图书了解一下世界各地的动物、环境保护组织。

世界自然基金会

世界自然基金会是一个全球知名的环境保护组织，致力于保护世界生物多样性，确保可再生自然资源的可持续利用，推动降低污染和减少浪费性消费行为。

非洲野生动物基金会

非洲野生动物基金会致力于保护非洲野生动物。自成立以来，基金会已经挽救了许多濒危的物种和土地，同时促进发展旅游，在保护野生动物的同时造福当地社区。

世界动物保护协会

世界动物保护协会是一个国际性动物保护组织，致力于动物保护工作，活跃于全球50多个国家和地区，在动物福利科学研究和实践方面发挥着引领作用。

世界自然保护同盟

世界自然保护同盟是一个国际性的非政府的环境组织。同盟的宗旨是"鼓励和帮助世界各地保护自然的完整性和多样性，保证自然资源的合理使用和生态可持续发展"。

大自然保护协会

大自然保护协会致力于在全球保护具有重要生态价值的陆地和水域，维护自然环境，帮助推进城市可持续发展，提升人类福祉。

野性中国

野性中国是一家致力于利用影像传播和推广自然保护理念的公益机构，通过对中国野生生物和自然环境的拍摄，努力实现"用影像保护自然"的信念。

山水自然保护中心

山水自然保护中心专注于物种和栖息地的保护工作，致力于解决人与自然和谐共生的问题。

守望自然野生动物保护发展研究中心

守望自然野生动物保护发展研究中心致力于在全球范围内推广野保理念，开展野保教育课程，通过推动国际合作来促进野生动物栖息地和濒危物种的保护工作。

遇到野生动物时，你该怎么做

想象一下，你正在散步或远足，甚至只是在邻居家或自家的后院里玩耍，结果遇到了一种看起来需要帮助的野生动物，你该怎么做呢？

1. **不要碰它。** 那只动物可能受伤或生病了，而且很可能害怕你。哪怕你只是想帮助它，想为它检查一下伤口，它也有可能会咬你或抓你。

2. **告诉家长。** 和家长一起给当地的动物管理部门打电话，他们可以根据实际情况告诉你下一步该怎么做。

3. **不要养它。** 把野生动物当宠物养可不是个好主意。就算野生动物看起来很温顺，但它依然是野生动物。

词汇表

这里有一些与野生动物保护相关的词汇，以及对其简单、易懂的解释。

单孔目——哺乳纲原兽亚纲的一目，鸭嘴兽和针鼹都是单孔目动物。

回声定位——某些动物将声波发射出去，再利用折回的声波来定位，判断猎物或其他事物在什么位置。

海洋动物——海洋中，各门类形态结构和生理特点十分不同的异养型生物的总称。按生活方式划分，海洋动物主要有海洋浮游动物、海洋游泳动物和海洋底栖动物三个生态类型。 按分类系统划分，海洋动物共有几十个门类，可分为海洋无脊椎动物和海洋脊椎动物两大类，或分为海洋无脊椎动物、海洋原索动物和海洋脊椎动物三大类。

有些蝙蝠用回声定位来捕猎

爬行动物——脊椎动物亚门爬行纲动物的统称。爬行动物用肺呼吸，属于变温动物。

夜行性动物——在夜晚或主要在夜晚活动的动物。

蛛形纲——节肢动物门螯肢动物亚门最大的一纲，包括蜘蛛、蝎、蜱螨等。

两栖动物——脊索动物门两栖纲动物的统称。两栖动物是从水生的鱼类到真正陆生的爬行类之间的过渡型动物，也是最原始、最早登陆的四足动物。

蛇

袋鼠大概是澳大利亚最著名的有袋目动物

哺乳动物——脊椎动物亚门哺乳纲动物的统称，又称"兽类"。哺乳动物是动物界进化地位最高的自然类群，除南、北极中心和个别岛屿外，几乎遍布全球。

病毒——生物界中最小的一类生物，不具有细胞结构，不能独立进行代谢活动，只能在特定的寄主细胞中复制增殖。

狂犬病——由狂犬病病毒引起的一种传染病。

麻醉——施行手术或进行诊断性检查操作时，为消除或控制疼痛、保障病人或生病动物的安全、创造良好的手术条件而采取的方法。

野生动物保护法——调整人们在野生动物保护、管理和拯救过程中产生的社会关系的法律规范的总称。其目的是保护野生动物，发展和合理利用野生动物资源，维护生态平衡。

再生——生物体在个体发育中已经发育了的器官或组织，因自然损伤或人为切割等而丢失后的形态和功能的重建。

猎豹

刺猬

骆驼的脚

希拉毒蜥

加拉帕戈斯象龟

图片
来源

Becky Hale/NGP Staff; 79 (UP), Michael Melford/NGIC; 79 (LO), Christian Musat/SS; 80-81, Nigel Pavitt/GI; 81 (UP), Pete Oxford/MP; 81 (CTR), Eric Isselee/SS; 81 (LO), Becky Hale/NGP Staff; 82 (UP), moosehenderson/SS; 82 (CTR), Colin Langford/GI; 82 (LO), Roland Seitre/MP; 83 (UP LE), Roland Seitre/MP; 83 (UP RT), Ernie Janes/NPL/MP; 83 (LO), Gudkov Andrey/SS; 84-85, beataaldridge/Adobe Stock; 84 (UP), Patrick Kientz/Biosphoto/MP; 84 (LO), Anup Shah/MP; 85 (LO), Becky Hale/NGP Staff; 86-86 (LO), Becky Hale/NGP Staff; 87, Joel Sartore/NGIC; 87, cynoclub/iStockphoto/GI; 88 (UP), Cyril Ruoso/MP/NGIC; 88 (LO), Ingo Arndt/MP/NGIC; 89 (UP), Jason Edwards/NGIC; 89 (LO), Becky Hale/NGP Staff; 90-91, Dr. Gabby Wild; 92, George Steinmetz/NGIC; 92 (LO), Becky Hale/NGP Staff; 93, DarrenBradley/iStockphoto/GI; 94, Wikus De Wet/GI; 95 (UP), Yasuyoshi Chiba/GI; 95 (CTR), K_Thalhofer/GI; 95 (LO), Kelly vanDellen/SS

ASIA
96, CFP; 97, Dr. Gabby Wild; 98-99, fotografieMG/GI; 98 (LO), Becky Hale/NGP Staff; 99 (LE), Freder/GI; 99 (RT), Suzi Eszterhas/MP; 100-101, Colin Langford/GI; 100 (LE), Robert Franklin/SS; 100 (RT), Galina Savina/SS; 101 (LO), Becky Hale/NGP Staff; 102, Steve Clancy/GI; 103 (UP), passion4nature/GI; 103 (CTR), FLPA/Alamy Stock Photo; 103 (LO), Cyril Ruoso/MP; 104-105, Joel Sartore/NGIC; 105 (UP), Mark Carwardine/GI; 105 (LO), Becky Hale/NGP Staff; 106, Matthew Luskin/NGIC; 107 (UP), Steve Winter/NGIC; 107 (LO), Matthew Luskin/NGIC; 108-109, Freder/GI; 108 (LO), Becky Hale/NGP Staff; 109 (LE), Jeff Mauritzen/NGIC; 109 (RT), Stephen Lavery/SS; 110 (UP RT), Andrew Astbury/SS; 110 (UP LE), THPStock/GI; 110 (LO), mbrand85/SS; 111 (UP), Marcella Miriello/SS; 111 (RT), Mazur Travel/SS; 112-113, Vladmax/GI; 113 (UP), j.wootthi-sak/SS; 113 (CTR), Nuamfolio/SS; 113 (LO), Becky Hale/NGP Staff; 114-115 (ALL), Dr. Gabby Wild; 116, Nigel Killeen/GI; 117 (UP), woothisak nirongboot/GI; 117 (CTR), ImageBySutipond/SS; 117 (LO), Gabriel Perez/GI; 118-119, Jenner Images/GI; 118 (LO), Becky Hale/NGP Staff; 119 (UP), Daniel Andis/SS; 119 (LO), Colin Monteath/MP/NGIC; 120-121, Danita Delimont/GI; 120, imageBROKER/Alamy Stock Photo; 121, Becky Hale/NGP Staff; 122, Daniel J. Cox/GI; 122 (LO), Becky Hale/NGP Staff; 123 (LE), Akkharat Jarusilawong/SS; 123 (RT), GlobalP/GI

AUSTRALIA & OCEANIA
124, CFP; 125, Dr. Gabby Wild; 126, Tim Laman/NGIC; 127 (UP), Kenneth Highfill/Science Source; 127 (CTR), pelooyen/GI; 127 (LO), Gerry Ellis/MP/NGIC; 128, markuskessler/GI; 128 (LO), Becky Hale/NGP Staff; 129 (UP), undefined undefined/GI; 129 (LO RT), Jason Edwards/NGIC; 129 (LO LE), Adam James Booth/SS; 130 (UP), CraigRJD/GI; 130 (LO RT), Freder/GI; 130 (LO LE), Jak Wonderly/NGIC; 131, mauritius images GmbH/Alamy Stock Photo; 131 (LO), Becky Hale/NGP Staff; 132, Tambako the Jaguar/GI; 133, Jak Wonderly/NGIC; 134 (UP LE), Joshua Haviv/SS; 134 (UP RT), Aleksandar Todorovic/SS; 134 (LO), buteo/SS; 135 (UP), AGAMI Photo Agency/Alamy Stock Photo; 135 (LO), Jyotirmoy Golder/SS; 136,

Tui De Roy/MP; 136 (LO), Becky Hale/NGP Staff; 137 (UP), Tui De Roy/MP; 137 (LO), Stephen Belcher/MP; 138 (UP), Peter Langer/Danita Delimont.com; 138 (LO), Robert Harding Picture Library/NGIC; 139 (UP LE), All Canada Photos/Alamy Stock Photo; 139 (UP RT), RuthBlack/GI; 139 (LO), Umomos/SS; 140-141, James R.D. Scott/GI; 140, Gabriel Barathieu/Biosphoto/MP; 141 (LO), Becky Hale/NGP Staff; 142 (UP), David Doubilet/NGIC; 142 (LO), Chad Copeland/NGIC; 143 (UP), Fred Bavendam/MP/NGIC; 143 (CTR), David Doubilet/NGIC; 143 (LO), David Doubilet/NGIC; 144-145, looderoo/GI; 144 (LO), Becky Hale/NGP Staff; 145 (UP), Michael and Patricia Fogden/MP; 145 (LO), Matthijs Kuijpers/Alamy Stock Photo; 146, George Grall/NGIC; 147 (UP), Joel Sartore/NGIC; 147 (LO), Utopia_88/GI; 148-149, Nicole Duplaix/NGIC; 148 (UP), JohnCarnemolla/GI; 148 (LO), Becky Hale/NGP Staff; 149 (LO), JohnCarnemolla/GI

NORTH AMERICA
150, CFP; 151, Dr. Gabby Wild; 152-153, rokopix/SS; 152 (LO LE), Alan Murphy/MP; 152 (LO RT), KarSol/SS; 153, Becky Hale/NGP Staff; 154-155, jimkruger/GI; 154, Becky Hale/NGP Staff; 155 (UP), Paul Sawer/FLPA/MP; 155 (CTR), Robert Harding Picture Library/NGIC; 155 (LO), Konrad Wothe/MP; 157 (UP), George Grall/NGIC; 157 (LO), Pete Oxford/MP; 158-159, Joel Sartore/NGIC; 158 (LO), Becky Hale/NGP Staff; 159 (UP), Jean-Edouard Rozey/SS; 159 (LO), Aaron Ferster/GI; 160 (UP), Blaine Harrington III/Alamy Stock Photo; 160 (LO), Ian Mcallister/NGIC; 161 (art), Juan Aunion/Alamy Stock Photo; 161 (UP RT), Tim Fitzharris/MP; 161 (LO RT), Ron Sanford/GI; 161 (LO LE), robertharding/Alamy Stock Photo; 162-163, Verlisia/GI; 162, Tom Murphy; 163 (UP), Becky Hale/NGP Staff; 164 (UP), Aquarium of the Pacific; 164 (LO), Jason Edwards/NGIC; 165 (UP), Troels Jacobsen/ Arcticphoto/NPL/MP; 165 (LO RT), Justin Jin/World Wildlife Federation; 165 (LO LE), Aommychali/SS; 166-167, Pete Oxford/MP; 166 (LO), Becky Hale/NGP Staff; 167 (UP), Tim Flach/GI; 167 (LO), Matthijs Kuijpers/Alamy Stock Photo; 168 (UP), Fabio Liverani/NPL/MP; 168 (LO), Cynthia Kidwell/SS; 169, blickwinkel/Alamy Stock Photo; 169 (LO), Becky Hale/NGP Staff; 170-171, Stocktrek Images/NGIC; 170 (LO), Becky Hale/NGP Staff; 171 (UP), Konrad Wothe/MP; 171 (LO), Jordi Chias/NPL/MP; 172, Floris van Breugel/NPL/MP; 173 (UP), Kevin Schafer/MP; 173 (CTR), tswinner/GI; 173 (LO), Konrad Wothe/MP

END MATTER
174-175 (ALL), Dr. Gabby Wild; 176 (LE), Tyler Olson/SS; 176 (RT), hedgehog94/SS; 177 (UP RT), LightField Studios/SS; 177 (LO RT), Nestor Rizhniak/SS; 177 (LO LE), leungchopan/SS; 177 (UP LE), Twinsterphoto/SS; 178-179, Brian J. Skerry/NGIC; 181, Thanisnan Sukprasert/Shutterstock; 182 (LE), Matthijs Kuijpers/Alamy Stock Photo; 182 (RT), Nature Photographers Ltd/Alamy Stock Photo; 183 (UP), Jak Wonderly/NGIC; 183 (CTR), Frans Lanting/NGIC; 183 (LO), Mr. Suttipon Yakham/SS; 184 (UP RT), Colin Monteath/MP/NGIC; 184, (UP LE), Matthijs Kuijpers/Alamy Stock Photo; 184 (LO), Tui De Roy/MP/NGIC; 187, Becky Hale/NGP Staff

我的创作灵感来自保护动物的天性，以及对家父的深挚怀念。作为一名研究传染病的医生，他用热情和无私点燃了我同样的品质。——加比·怀尔德

本书的作者向以下朋友表示感谢：德布拉·瓦格纳、阿萨夫、阿普里尔·克劳斯、帕蒂、谢尔比·利斯、萨拉、马特、拉希德、朱莉·比尔、安妮、格斯·特略。

本作品中文简体版由国家地理合股企业授权青岛出版社出版发行。未经许可，不得翻印。

NATIONAL GEOGRAPHIC 和黄色边框设计是美国国家地理学会的商标，未经许可，不得使用。

自 1888 年起，美国国家地理学会在全球范围内资助超过 13,000 项科学研究、环境保护与探索计划。本书所获收益的一部分将用于支持学会的重要工作。

山东省版权局著作权合同登记号　图字：15-2021-121 号

图书在版编目（CIP）数据

野生动物大拯救 / 美国国家地理合股企业，(美) 加比·怀尔德著；陈宇飞译.
— 青岛：青岛出版社，2023.8
　ISBN 978-7-5736-1321-9

Ⅰ.①野… Ⅱ.①美… ②加… ③陈… Ⅲ.①野生动
物—儿童读物 Ⅳ.① Q95-49

中国国家版本馆 CIP 数据核字 (2023) 第 108890 号

YESHENG DONGWU DAZHENGJIU

书　　名	野生动物大拯救	邮购电话	0532-68068719
作　　者	美国国家地理合股企业	制　　版	青岛新华出版照排有限公司
	[美]加比·怀尔德	印　　刷	青岛海蓝印刷有限责任公司
译　　者	陈宇飞	出版日期	2023 年 8 月第 1 版
出版发行	青岛出版社		2023 年 8 月第 1 次印刷
社　　址	青岛市崂山区海尔路 182 号（266061）	开　　本	16 开（889mm×1194mm）
总 策 划	连建军	印　　张	11.75
责任编辑	吕　洁　窦　畅　邓　荃	字　　数	180 千
文字编辑	江　冲　王　琰	图　　数	400 幅
美术编辑	孙恩加	书　　号	ISBN 978-7-5736-1321-9
顾　　问	王　斌	定　　价	128.00 元
邮购地址	青岛市崂山区海尔路 182 号出版大厦		
	少儿期刊分社邮购部（266061）		

版权所有　侵权必究

编校印装质量、盗版监督服务电话：4006532017　0532-68068050
印刷厂服务电话：0532-88786655

本书建议陈列类别：少儿科普